A+U 高校建筑学与城市规划专业教材
THE ARCHITECTURE & URBAN PLANNING SERIES

建筑美学

同济大学　沈福煦　编著

中国建筑工业出版社

图书在版编目（CIP）数据

建筑美学/沈福煦编著．—北京：中国建筑工业出版社，2007
A+U 高校建筑学与城市规划专业教材
ISBN 978-7-112-09300-7

Ⅰ．建… Ⅱ．沈… Ⅲ．建筑美学-高等学校-教材 Ⅳ．TU-80

中国版本图书馆 CIP 数据核字（2007）第 065530 号

本书是高等学校建筑学专业的教材，内容包括：外国古代建筑的美，外国中古建筑的美，近世建筑的美，中国古代建筑的美，外国现代早期建筑的美，两次大战之间的建筑与建筑美，现当代建筑与建筑美，中国现当代建筑的美，造型，比例与尺度，轴线，虚实与层次，建筑形象的起止与交接，空间布局，建筑与色彩，建筑美学与其他美学的比较等方面，全面而系统地阐述了建筑美学的内容。此书既可以作为教材，也可供建筑设计工作者和有关社会文化和艺术研究者阅读、参考。

责任编辑：陈　桦
责任设计：赵明霞
责任校对：王　爽　刘　钰

A+U 高校建筑学与城市规划专业教材
建筑美学
同济大学　沈福煦　编著
＊
中国建筑工业出版社出版、发行（北京西郊百万庄）
各地新华书店、建筑书店经销
北京嘉泰利德公司制版
北京建筑工业印刷厂印刷
＊
开本：787×1092 毫米　1/16　印张：13　字数：316 千字
2007 年 9 月第一版　2008 年 5 月第二次印刷
印数：3001—4500 册　　定价：**25.00** 元
ISBN 978-7-112-09300-7
　　　（15964）

版权所有　翻印必究
如有印装质量问题，可寄本社退换
（邮政编码 100037）

前　言

本书是建筑学和其他相关专业（如城市规划、室内设计、景观园林等）的建筑美学课的教材。当今，许多高等学校相继开设建筑美学课（选修课），甚至被认为有必要成为一门必修课，安排在建筑历史与理论课程系统中。

本书章节，按照此课程一学期16次（32学时），前后共16章，每次课（2节）一章来安排。这16章分上、下篇。上篇以建筑的历史发展为主，分别是，第一章：外国古代建筑的美；第二章：外国中古建筑的美；第三章：近世建筑的美；第四章：中国古代建筑的美；第五章：外国现代早期建筑的美；第六章：两次大战之间的建筑与美学；第七章：现当代建筑与建筑美；第八章：中国现当代建筑的美。下篇以建筑的美和审美为重点，分别是，第九章：造型；第十章：比例与尺度；第十一章：轴线；第十二章：虚实与层次；第十三章：建筑形象的起止和交接；第十四章：空间布局；第十五章：建筑与色彩；第十六章：建筑美学与其他美学的比较。

建筑美学这门课，笔者已有18年的教学经验，并有相关的教材出版。在此基础上，这次编著的这本教材，内容更完备，也更符合教学要求。当然还需请有关专家和广大师生、读者多多指出本书的缺点和谬误，以便今后做得更完善。本教材在编写过程中，还有以下几位老师、专家共同参加：沈燮癸、沈鸿明、邵睿、沈晓明、王爽、黄松等，在此致谢。

沈福煦

于同济大学

2007年8月

目 录

绪论 ··· 1

上篇　建筑历史与建筑美学

第一章　外国古代建筑的美 ··· 7
　第一节　文明早期建筑的美 ··· 7
　第二节　古希腊建筑的美 ··· 10
　第三节　古罗马建筑的美 ··· 14

第二章　外国中古建筑的美 ··· 17
　第一节　拜占庭建筑的美 ··· 17
　第二节　罗马风建筑的美 ··· 19
　第三节　哥特式建筑的美 ··· 21
　第四节　伊斯兰建筑的美 ··· 24
　第五节　东南亚诸地建筑的美 ··· 28
　第六节　美洲古代文化与建筑 ··· 34

第三章　近世建筑的美 ··· 36
　第一节　文艺复兴初期的建筑的美 ··· 36
　第二节　意大利文艺复兴的府邸 ·· 38
　第三节　意大利文艺复兴的重要建筑 ·· 40
　第四节　巴洛克建筑 ··· 42
　第五节　法国古典主义建筑的美 ·· 45
　第六节　18、19世纪的欧洲建筑之美 ··· 48

第四章　中国古代建筑的美 ··· 53
　第一节　中国古代美学与建筑的美 ··· 53
　第二节　宫殿、坛庙建筑的美 ··· 55
　第三节　宗教建筑的美 ·· 58
　第四节　居住建筑的美 ·· 60
　第五节　园林建筑的美 ·· 64

第五章 外国现代早期建筑的美 ·················· 70
第一节 现代社会文化与建筑的美 ·················· 70
第二节 芝加哥学派与建筑的美 ·················· 73
第三节 19、20世纪之交的建筑流派与建筑的美 ·················· 74
第四节 德意志制造联盟 ·················· 76

第六章 两次世界大战之间的建筑美学 ·················· 79
第一节 从新的建筑流派到包豪斯 ·················· 79
第二节 勒·柯布西耶的建筑观 ·················· 81
第三节 密斯·凡·德·罗的建筑观 ·················· 83
第四节 赖特的作品和他的建筑观 ·················· 85

第七章 现当代建筑与建筑美 ·················· 88
第一节 战后的社会文化与建筑美 ·················· 88
第二节 战后的建筑与个性化 ·················· 90
第三节 后现代主义建筑与建筑美学 ·················· 93
第四节 解构主义建筑与世纪之交的建筑美学 ·················· 96

第八章 中国现当代建筑的美 ·················· 100
第一节 中国现代早期建筑的美 ·················· 100
第二节 20世纪30年代中国建筑及其美 ·················· 102
第三节 20世纪中叶的中国建筑及其美 ·················· 107
第四节 世纪之交的中国建筑与建筑美 ·················· 109

下篇 建筑美学与建筑

第九章 造型 ·················· 113
第一节 立面形象 ·················· 113
第二节 立体形象 ·················· 117
第三节 建筑的轮廓线 ·················· 119
第四节 天际线和建筑群的轮廓线 ·················· 121

第十章 比例与尺度 ··· 124
第一节 建筑形象的比例 ·· 124
第二节 建筑形象的尺度 ·· 126
第三节 建筑尺度与视觉原理 ·· 128
第四节 建筑中的视错觉 ·· 131

第十一章 轴线 ··· 134
第一节 轴线的性质和类型 ·· 134
第二节 对称轴线 ·· 136
第三节 非对称轴线 ·· 138
第四节 轴线的转折与终止 ·· 140

第十二章 虚实与层次 ··· 145
第一节 虚实和建筑的虚实 ·· 145
第二节 建筑群的虚实手法 ·· 147
第三节 建筑的视觉层次 ·· 151
第四节 建筑的非视觉层次 ·· 155

第十三章 建筑形象的起止和交接 ··· 159
第一节 建筑形象的"收头" ·· 159
第二节 阴角和阳角 ·· 160
第三节 建筑形象的交接 ·· 162
第四节 坡屋顶的交接手法 ·· 164

第十四章 空间布局 ··· 167
第一节 空间的组织 ·· 167
第二节 空间的关系 ·· 169
第三节 空间的流通 ·· 173
第四节 空间的方向性 ·· 176

第十五章 建筑与色彩 ··· 179
第一节 色彩与建筑的色彩美 ·· 179
第二节 建筑的外形色 ·· 181

  第三节 建筑的室内色 ………………………………………………… 183
  第四节 室内色调设计手法 …………………………………………… 186
第十六章 建筑美学与其他美学的比较 ……………………………………… 189
  第一节 建筑美学与门类美学 ………………………………………… 189
  第二节 建筑美学与绘画美学 ………………………………………… 190
  第三节 建筑美学与音乐美学 ………………………………………… 192
  第四节 建筑美学与文学美学 ………………………………………… 194
参考文献 ……………………………………………………………………………… 199

绪　论

一

　　匈牙利电影美学理论家巴拉兹认为，早期的轮船或汽车，看了令人发笑，但一艘15世纪的葡萄牙航船却显得很悦目。因为这些轮船或汽车在外形上与现代新式的轮船或汽车相比，显得滑稽可笑；而那些古代的航船如今早已不用，成了古董，在外形上却显得很完美，形态和谐动人。这正好比我们看见猴子模仿人的动作时的那种笨拙要忍不住发笑一样，因为猴子与人十分相似……。近来，瑞典的一艘大帆船哥德堡号前来访问上海，人们争相观看。这艘大船是西方古代的海船，姿态动人，令人百看不厌。我们当然不愿去欣赏二十几年前在长江上航行的那些客轮。那种老式的笨拙的形象，令人不屑一顾。建筑也同样，无论中国的还是外国的，那些古建筑看上去总是令人赏心悦目；但在二十几年前建造的那些建筑，明显地被认为是过时了，也令人不屑一顾。这就是建筑的美。

　　什么是建筑美学？建筑美学就是研究建筑美的学问。但这不能算是建筑美学的定义，只是建筑美学这个词的同义反复。其实，如果用黑格尔对美和美学的定义——美是理念的感性显现，美学是艺术哲学，我们也可以明白什么是建筑美，什么是建筑美学了。

　　建筑美学不能空谈，不能只在概念上兜圈子，而是应当从建筑实际出发进行研究。有了建筑美学的基本理论，还需从许多实际的建筑中进行剖析，从古今中外的大量建筑中分析它们美在何处。

　　古希腊的建筑为什么美？这要从两方面来分析：首先是从建筑形式上来分析，包含了建筑的比例、尺度、虚实、节奏、层次等诸多方面；其次是在哲理深度上来探索，艺术，不同于生产、经济或科技，没有一个进步的标尺。马克思在《〈政治经济学批判〉导言》中说："……在艺术本身的领域内，某些有重大意义的艺术形式只有在艺术发展不发达阶段上才是可能的。……他们的艺术对我们所产生的魅力，同它在其中生长的那个不发达的社会阶段并不矛盾。"这是对艺术的一个十分精辟的论点。建筑艺术正是如此，我们不能说上海大剧院比雅典的帕提农神庙美，也不能说纽约的电话电报公司总部大楼比巴黎圣母院美。美和进步是两个难以联系的概念。

二

　　建筑美学是美学（门类美学之一），不是建筑历史，也不是建筑艺术。建筑美学应当立足于建筑，又有哲理的深度。建筑美学既要从分析具体的建筑着手，又要有美学和哲学的深度。建筑历史不能代替建筑美学，对建筑介绍式的鉴赏（这种书如今很多）更不能代替建筑美学。因此这本书的特点就是有"肉"有"骨"，从书的编排来说是先"肉"后"骨"。为什么这样编排？因为这是一本教材，面对的是初次系统地接触建筑美学的读者（学生），所以须先让他们熟悉建筑艺术史知识，在这个基础上再来讨论建筑的美为妥。

古希腊的几个重要的建筑，古罗马的许多重要的建筑，以及古希腊、古罗马建筑中的柱式，这些是研究建筑美学首先要把握的。事实上，我们在论述希腊、罗马柱式时，已经说到了关于美的问题。

中国古代建筑也同样，我们在讨论古代的宫殿、庙宇、陵墓、宗教建筑、民居、园林建筑时，也已经论及到它们的许多美学、艺术上的问题，因此说本书不是"通史"。

如上所说，这是一本教材，应当按照教学要求来写。但笔者认为，教材固然要遵从教学进度和教学时数来写，但要写得适当多一点，以便能让学生在课外进行阅读，得到更丰厚的收益。这本书不但是一本教材，同时也可以作为研究建筑美学的参考书，对当今的许多从事社会文化工作的人也有用，他们也会有兴趣读这本书。同时，本书不仅可作为大学本科生的建筑美学的教材，也可作为大学研究生的建筑美学课的教材。鉴于这种情况，所以这本书尽量写得多一点，并且深入浅出一点。

三

建筑也是文化，近年来研究建筑文化的人多起来了，有关建筑文化的书也多起来了。这是个好现象，至少在社会大层面上，人们不再把建筑看成为"土木工程"的对象了。但建筑文化也有别于建筑美学。

什么是建筑文化？这个问题也是很难回答的。其实建筑文化有两层意义：建筑自身是文化；建筑又是其他文化的"容器"。例如，中国古建筑中的斗栱：除了斗栱本身的作用（作为木结构的一个部件）外，它的作用还包含许多社会等级的意义。《明史·舆服志》中说："……洪武二十六年定制，官员营造房屋，不许歇山转角，重檐重栱，及绘藻井，惟楼居重檐不禁。"可见斗栱的作用与伦理等级有关。建筑是其他文化的容器则很容易理解：宫殿建筑为宫殿的功能服务，宗教建筑为宗教活动服务，这些文化内涵，也都积淀在建筑上了，建筑既是这些文化的容器，也表述着这些文化。西方中世纪的哥特式教堂，其建筑本身就宣扬着教义，那高高的空间，修长的柱子、门窗，以建筑语言表述出要人们信奉上苍，将来可以到天国去享受……。我国民居中的厅堂做得比卧室或其他房间来得高大、奢华，这既是厅堂功能上的需求，也是对家族的表述，对家族的伦理道德的表述。

宗教、伦理上的许多概念，几乎都在建筑形态上表述出来了，这种建筑形态的美，就表现在合乎它的功能。但与此同时，建筑当然也追求不属于功能的形式的美。如巴黎圣母院，它的立面在整体比例上是符合黄金比关系的，即高与宽之比是1:0.618。它可以纵横各分三等份，立面可以分成9等份，其中每一等份的高与宽之比也同样是1:0.618的比例。当时的美学家认为，因为上帝也爱美，或者说上帝就是美，这就自圆其说了。中世纪美学家圣托马斯·亚昆那（公元1226~1274年）也是神学家，他的著作《神学大全》中就有许多关于美的论述，他说："美有三个因素：第一是一种完整或完美，凡是不完整的东西就是丑的；其次是适当的比例或和谐；第三是鲜明，所以着色鲜明的东西是公认为美的。"（转引自朱光潜《西方美学史》上

册，第131页，人民文学出版社，1982年）

建筑文化和建筑美学是两个不可分割的领域。有人认为，建筑文化倾向于内容，建筑美学倾向于形式。但真正研究建筑文化或建筑美学，也不能这样简单来分。

四

现代建筑从文化上来看，似乎已经脱离了那些观念形态上的束缚，在建筑设计、创作时可以随心所欲。可是如果没有现代文化观、美学观，也就"欲"不起来。

众所周知，美国宾夕法尼亚州的流水别墅，人称是一座"百看不厌"的优秀建筑。如果从建筑美学的角度来分析这座建筑，是否可以说设计者赖特是"随心所欲"地塑造起来的呢？显然不是。首先，赖特设计这座房子是有主题的，即要强调建筑的"有机"，强调人与自然的和谐。但在创作这个动人的形象时，则充分调动了他的熟练的形式美手法。有人分析这座建筑的造型是充分运用"现代建筑语言"。布鲁诺·塞维在《现代建筑语言》一书中这样说："……用悬挑结构和连续墙代替以往盒子式建筑的梁柱结构，使建筑结构获得了新生。悬挑结构和连续墙刚刚在建筑学上崭露头角，它们是全新的结构元素。但是你在当今世界上看到的一切空间的根本解放，充其量也不过是安装了角窗。然而，这种思想上的单纯变化都包括了整个建筑学变革的精髓，其中包括从盒子式到自由平面以及要空间不要繁琐装饰这种全新的真谛……。"（以上是该书作者引自赖特本人的话）这正是现代建筑美学的主要思想。

五

后现代主义建筑也有它的美学理论。后现代建筑与现代建筑的不同，实质上也在美学理论上之不同。后现代主义者公然申明，他们不像现代派那样进行平、立、剖式的设计，把功能问题视为艺术之外的事，认为芝加哥学派提出的"形式服从功能"没有必要。后现代主义建筑师认为，建筑的美或建筑的艺术性，就是建筑形象的语言问题。他们强调建筑形象的符号特征，做建筑设计就是运用这些符号，就是用语境（context）的方法来做就一篇文章（composition）。如栗子山住宅正面墙上的大弧线，纽约电话电报公司总部大楼顶上的断山花，或者新奥尔良意大利广场上的大型的用不锈钢做成的希腊爱奥尼柱等，都说明这种思想。

后现代主义把建筑的种种形象（符号）归纳为几组特性，如柱式、建筑风格、建筑体系，用男性/女性、单纯/复杂、直率/修饰等几组语义学上的概念来进行分析，还有隐喻的手法取代象征。总之，视建筑为一个语言系统，来创作、设计，也以此来分析历史上的许多建筑。后现代主义的最重要的特征就在它的一套语言系统。

建筑，无论古今中外，有一个百世不斩的性质就是：建筑是人的空间，建筑要满足人对空间的物质需求和精神需求；人的种种文化形态和观念（包括哲理、审美等），都会在建筑上反映出来。过去是，现在是，将来也还是如此。将来会怎么样？所谓"温故知新"，看看过去是怎么变过来的，为什么变，就会知道将来会变得怎样。

20世纪60年代，美国心理学家马斯洛提出人本主义心理学（Humanistic Psychology），这个理论最关键的就是需求层次：安全保障、归属、尊重、认识、审美，直至最高层的自由创造或自我实现。人的需求是否果然如此呢？但当今的社会文化不同于从前，人们提出各种各样的能自圆其说的理论，可以说是多元化时代。除了上面说的，还有美国未来学家托夫勒提出的"第三次浪潮"理论，提出人类经过农业革命、工业革命，如今正在向信息时代过渡，信息时代与工业时代有许多方面不同。另外一位未来学家内斯比特著有《大趋势·改变我们生活的十个新方向》，提出"信息社会"理论，他提出十个方面的变革。建筑呢？建筑是人的建筑，所以也必然会有大的改革。建筑艺术、建筑美学也随之会有大的变革。再来看看我们这本教材。建筑本身的变革、建筑美学系统性的变革以及建筑学的教育系统的变革，都使得这本书从性质上说仅仅是过渡性的。五年、十年之后，这本书也许不但不适合需求，而且可能也会像"老式轮船"那样显得滑稽可笑了。

上篇

建筑历史与建筑美学

第一章 外国古代建筑的美

第一节 文明早期建筑的美

一

建筑与人类文明有直接的关系。马克思曾说："蜜蜂建筑蜂房的本领使人间的许多建筑师感到惭愧。但是最蹩脚的建筑师从一开始就比最灵巧的蜜蜂高明的地方，是他在用蜂蜡建筑蜂房以前，已经在自己头脑中把它建成了。"（《马克思恩格斯全集》第23卷，第201页）史前时代的建筑，在本质上已不同于狼窝、蚁穴，这些建筑虽然很简陋，但却是人用头脑思考建造起来的，因此有本质上的不同。

从人类学来说，人是从野蛮进化为文明的。人类文明有几个标志，一是文字的出现，二是金属的使用，三是城市的形成，四是礼制的产生。有了文字，就有历史记述，所以文明以前的时代就称史前时代。史前时代已经有建筑了，在这里举几个例子。

一是位于今苏格兰刘易斯的古建筑，这些建筑产生于新石器时代（大约公元前7000~前5000年），建筑用石块垒成，建筑物不大，只有20m²左右，但数量很多，即史前时代的聚落。

二是位于今波兰的毕斯库滨湖附近的一处古村落，其中有道路、房子等。房子是长条形的，分好多小间，据分析每一小间住一家，所以其形式也如聚落。

三是位于今英国的沙利斯堡的史前时期的大石栏，据考古学家的研究，认为距今已达4700余年。但这个大石栏的功能，至今仍未有定论，有的说与天文、计时有关，有的说与农业有关，也有的说与宗教有关，说法不一。

四是位于今法国布列塔尼的石台，但类似的形式在英国、丹麦、东欧等地也有。据考古学家研究，这是史前时代的墓。

五是中国的几处史前时代的建筑（遗址），如浙江余姚的河姆渡遗址、西安附近的半坡村史前建筑遗址及陕西临潼附近的姜寨史前建筑遗址等。

从美学上说，这些史前时代的建筑，多是出于满足使用功能，至于建筑美，其实是萌芽。"……在实际生活中，只是满足实用功能的建筑是存在的，但不可避免地同时存在形式美的问题；反映社会意识，表达思想感情的艺术建筑也是存在的。"（杨鸿勋.建筑文化丛谈.中国文化研究集刊.第一辑.上海：复旦大学出版社，1984）

二

关于人类文明早期的建筑及其美，我们这里要介绍人类文明的几个发祥地的建筑，包括古埃及、两河流域、古印度、爱琴海域及中国的建筑及其美。

第一章 外国古代建筑的美

图1-1 卡纳克阿蒙神庙连柱厅

古埃及位于非洲东北部，尼罗河下游。早在公元前4000年，这里已形成了奴隶制的古埃及王国。古埃及原有上、下两个国家，尼罗河上游者为上埃及，尼罗河下游者为下埃及，大约在公元前3000年，统一成为一个国家。

古埃及的著名建筑有两大类，一是金字塔，二是太阳神庙。金字塔是法老（国王）的陵墓，最大的一座是齐奥普斯金字塔，底边正方形的边长达230.6m，高为146.4m。这种建筑形象的美，对人来说其实是一种震慑力，是崇高，按照黑格尔（公元1770~1831年）的说法是一种以"巨量物质压倒心灵"之美，这其实不是美，而是"崇高"。

古埃及的太阳神庙最大、最有代表性的是位于底比斯的卡纳克阿蒙神庙（阿蒙即太阳神）。此建筑始建于公元前1530年，直到公元前323年才建成。神庙以中轴线对称布局，前部有6道门楼，主体建筑是连柱厅，里面有134根柱子，见图1-1。从美学上说也是给人一种巨大而坚实的震慑力。

三

两河流域，为幼发拉底河和底格里斯河之间的一块平原，即现在的伊拉克，这里气候湿润、土地肥沃。早在公元前3000年，这里已形成奴隶制国家了。公元前19世纪，这里是古巴比伦王国，后来被亚述帝国所灭，公元前612年，这里又被新巴比伦所取代，公元前538年，新巴比伦又被强大的波斯帝国所灭，公元前330年波斯又被马其顿希腊所征服。

这块富饶的土地，曾出现过许多国家，他们也留下了好多建筑遗迹。但这里少林木，又缺乏大石材，所以这里的建筑多为砖结构，从而留下来的建筑原物也不多了。这里曾经有过辉煌的萨艮二世王宫（亚述帝国时代），曾经有过号称世界古代七大奇迹之一的"空中花园"及波斯帕赛波里斯宫等优秀的建筑，可是如今都消失了，只留下遗址。

四

另一个文明古国是印度。大约在公元前3000年，这里就有完整的城市了。在印度北部今属巴基斯坦的信德省，人们发掘到一座完整的城市——摩亨佐·达罗城。这座城市面积约7.8km²，城内有宫殿、庙宇、民居等遗址，城内街道很整齐，还有上下水道等城市设施。从城市美学的角度来看，所谓美，首先在功能，它的形象在于秩序。早期的城市有如此之完美，确实是相当难得的了。

印度进入文明时代，从建筑来说着重在宗教建筑上。佛教最早在公元前6世纪兴起，由释迦部落的王子乔达摩·悉达多所创立。后来就尊称他为"释迦牟尼"，即"释迦族的隐修

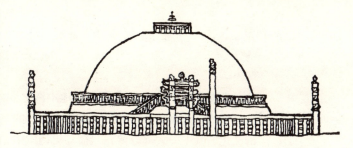

图1-2 窣堵坡石围栏大门

者"。宗教、佛教，也有其美学，但这里我们要说的是宗教建筑、佛教建筑的美学。印度佛教建筑有两大类：一是窣堵坡（即佛塔），二是支提窟（即石窟）。窣堵坡是佛教徒死后的坟墓，其形式是半球形的。最著名的是印度桑契的1号窣堵坡，其直径为32m，高12.8m，置于一个高4.3m的鼓形基座上，内为砖砌，外用石材贴面。窣堵坡外面有一圈石围栏，围栏四面各设一座门，门上雕饰很丰富，如图1-2所示。

支提窟（chaitya）即石窟，里面是大厅式的空间，这里是佛教徒讲经说法和进行其他佛事活动之处。最有名的是卡尔利支提，如图1-3所示，这是其内部的情形。此窟深38.5m，宽13.7m，最里面的平面呈半圆形，圆心处有一个窣堵坡，大厅两边均设柱廊。

图1-3 卡尔利支提内部

第二节 古希腊建筑的美

一

人类文明的又一处发祥地是地中海之北的爱琴海域。这里有个岛屿叫克里特岛，大约在公元前20世纪，形成一个强盛的奴隶制国家，即米诺斯王国。这个国家的文化，其中一大部分留在《荷马史诗》中。相传克里特国王叫米诺斯，他是众神之主宙斯和欧罗巴所生之子，米诺斯文化即以他的名字命名。这里有许多神话传说，其中最著名的是米诺斯皇宫中的牛头怪。这个妖怪要吃童男童女，后来希腊半岛上的一位智勇双全的少年，将这个妖怪杀死。这个宫内空间很复杂，地面有高有低，人在什么层次难以搞清。迷宫占地2万余平方米，据传由希腊建筑师代扎卢斯设计。19世纪70年代，德国考古学家舍里曼，根据《荷马史诗》的"伊利亚特"中的描述，先后在今天的土耳其东部、希腊的南部和克里特岛等地进行大规模的考古发掘，证实了这座米诺斯皇宫的确凿性。

公元前16世纪，在希腊半岛南端伯罗奔尼撒半岛东北，也建立起一个奴隶制国家，即迈锡尼。它与米诺斯隔海相望。后来迈锡尼征服了米诺斯，这就是古希腊的前身。迈锡尼的建筑也很有特色。迈锡尼城门，即狮子门，如图1-4所示，此门位于迈锡尼城的西北角，门柱高约3.2m，上面一根石梁，长5m，高0.9m。梁的上面有正三角形花饰，上面刻着两只狮子，相对而立，中间是一根上粗下细的柱子，这种"倒圆柱"明显地看出迈锡尼文化源于克里特的米诺斯文化。

迈锡尼的另一座名城泰伦城，建造得相当坚固，城内宫殿建造得很考究，空间处理得很有艺术性，其中美加仑室布置得精美华丽，柱廊仍用上大下小的倒圆柱。

公元前16~前12世纪是迈锡尼的盛期，后来为陶利亚人所灭，成为希腊的一个城邦，因此，迈锡尼文化可以认为是古希腊文化之源，也可以认为是欧洲文化之源。或者说，欧洲文明的摇篮是爱琴文化。

二

古希腊文化大致可以分为三个时期：古风时期（公元前7~前6世纪），古典时期（公元前5~前4世纪）及希腊普化时期（公

图1-4 迈锡尼狮子门

元前3~前2世纪)。公元前146年,希腊被罗马所灭。

从建筑美学的角度看,古希腊是个十分重要的时期。不仅是建筑,而且就整个文化领域来说,古希腊的文化艺术是相当有价值的。马克思在《政治经济学批判》一文中说:"……为什么历史上的人类童年时代,在它发展得最完美的地方不该作为永不复返的阶段而显示出永久的魅力呢?有粗野的儿童,有早熟的儿童。

图1-5　波塞顿神庙

古代民族中有许多是属于这一类的。希腊人是正常的儿童。他们的艺术对我们所产生的魅力,同它在其中生长的那个不发达的社会阶段并不矛盾。"（马克思恩格斯选集.第二卷.第114页.北京:人民出版社,1972)

古希腊的文化艺术成就包括许多方面。在文学、戏剧方面有好多伟大的作家和作品,如雕刻就有著名的雕刻家米隆、菲迪亚斯等,他们的作品有"掷铁饼者"、"雅典娜神像"等,这些作品称得上是西方雕刻艺术的至高无上的典范。又如建筑,其成就也很辉煌,不但留下大量的作品（如帕提农神庙、波塞顿神庙、伊瑞克提翁神庙等),更是创造了独特的形式,特别是其中的柱式,为后来整个西方古代建筑所沿用。在古希腊的文化中,还必须说到哲学和科学。古希腊的哲学（包括逻辑学)是古希腊文化的基础,没有哲学,也就没有文化的高度和深度。在科学方面,则无论是在数学,还是天文学诸方面,也都有很惊人的成就。

从建筑美学的角度来说,古希腊建筑非常重视形式美,他们遵循哲学家亚里士多德的"美是和谐"的理论,在建筑上加以应用,如图1-5,这是波塞顿神庙。它的正立面从几何分析来说是个正三角形（顶点与两底三点),很稳定,因此建筑也显得雄健有力,象征着力大无比的海神波塞顿的形象。

特别值得注意的是古希腊的雅典卫城中的建筑。雅典卫城早在迈锡尼时代就已形成,这里是雅典人的军事、政治和宗教的中心。这座卫城位于今雅典城的一座小山上。卫城长约280m,宽约130m。这座卫城大约于公元前5世纪中叶重建。

三

帕提农神庙是雅典卫城中的主体建筑。此建筑始建于公元前447年,于公元前438年基本建成。"帕提农"意为圣女宫,是雅典的守护神雅典娜的庙宇。这座建筑,见图1-6,用白

图1-6　帕提农神庙

图1-7 伊瑞克提翁神庙中的女墙柱

色大理石砌成，正面朝东，用8根10.4m高的多立克式柱组成柱廊，上部为山花，立面向水平方向展开，十分壮观。神庙内部，分前后两部分，前面是祭祀的场所，正中有雅典娜女神像，后面是置放档案和财宝的地方。帕提农神庙侧面也是柱廊，南北两侧相同，均为17根多立克柱。庙的背面与正面一样，也是8根多立克柱组成的柱廊。

从美学角度说，帕提农神庙正立面和柱廊，是按几何构图构成的，其比值为1:0.618，此比值被认为是"黄金比"。①

四

雅典卫城中的另一座著名建筑是伊瑞克提翁神庙，是供奉雅典人祖先的庙宇。此建筑建于公元前421~前406年。这座建筑总体不对称，其平面呈"品"字形。伊瑞克提翁神庙最精彩之处是其南墙西侧的半亭（一边靠墙壁），亭以6根柱组成，前面4根，后面两端各1根。这6根柱用6个女性雕像做成，这6根女人像，有人用轻盈秀美、楚楚动人来形容，殊不知这些形象本来的意思并非如此潇洒。据维特鲁威的《建筑十书》中所说，这些女性的形象原来是希波战争中的卡利亚邦（Caryae）帮助波斯，后来成了战俘的妇女，作为国人之耻，让她们负重（头上顶着屋顶），引以为戒而设，所以这个半亭被命名为Caryatides（图1-7）。但是，既然它是建筑形象，那就需按建筑美的法则来建造。德国美学家莱辛（公元1729~1781年）认为，诗歌可以表述痛苦、残酷，而绘画和雕塑却困难，所以拉奥孔的形象是给人一种"力感"，而不是痛苦。因此这些女墙柱的形象本身却是优美动人的。这些都是古希腊艺术的基本精神之所在。

五

古希腊的建筑，除了雅典卫城的几座重要的建筑外，还有其他好多建筑也值得注意。音乐纪念亭，此亭又名奖杯亭，建于公元前400年左右。此亭位于雅典卫城之东。亭高10多m，分上、中、下三部分，中部用6根倚柱。倚柱的一半嵌入墙内，一半凸出在墙外，起到建筑装饰的作用。这些倚柱的柱头为科林斯式。

埃比道拉斯露天剧场，约建于公元前350年，是古典时期晚些时候的杰作。此建筑位于伯罗奔尼撒半岛东北。此剧场观众席呈扇形，利用山坡形成前低后高的形态，符合观看演出的视觉要求。此剧场可以容纳观众约12000人，表演区（舞台）呈圆形。

六

古希腊的建筑，从艺术来说很重视柱式。这种建筑美学观一直延续到19世纪末。一些建筑学专业的建筑教育，始终重视柱式，称之为"天经地义"。古希腊主

---

① 黄金比（1:0.618），高与宽之比为 $\frac{\sqrt{5}-1}{2}=0.618$，最早由古希腊哲学家毕达哥拉斯（公元前580~前500年）研究得出的。

要有三种柱式：多立克、爱奥尼和科林斯，如图1-8所示。柱式一般由柱子和檐部组合而成。柱子包括柱头、柱身和柱础三部分。多立克柱不做柱础，柱身直插地面。檐部包括额枋、檐壁、檐口。

多立克柱式简洁有力。粗壮大方，象征男性美。雅典卫城中的帕提农神庙的柱廊，用的就是这种柱式。这种柱式在柱身上做出收分，不是完全笔直的，而是中间似有向外凸出之感。据视觉心理学分析，这样做使柱子具有"力感"。柱子的高度与其底部直径之比约6:1。

爱奥尼柱式的曲线比多立克柱式多。柱头上一对涡卷（螺旋曲线），增添了形象的秀美之气。这种柱式比较修长，柱高与底径之比约为8:1~9:1，显示出女性之美。在雅典卫城的伊瑞克提翁神庙中用的就是这种柱式。爱奥尼柱的柱身齿槽做法也与多立克柱的做法不同，它用的是平齿，多立克柱用的是尖齿。

科林斯柱式显得更为纤巧、丰富。这种柱式的柱头形象，还有个动人的故事。据古罗马建筑学家维特鲁威所著的《建筑十书》中记载，相传古希腊时在科林斯有一位美丽的少女，正当她快要结婚时，突然生急病，不久便与世长辞了。家里的人为她下了葬。在她生前与她日夜相处的保姆十分伤心，于是就把这位少女玩过的玩具和其他心爱之物收集起来，装在一只小花篮里，放在她的坟墓上面。第二

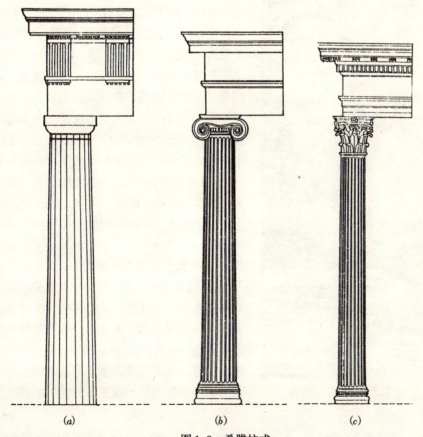

图1-8 希腊柱式
(a) 多立克柱； (b) 爱奥尼柱； (c) 科林斯柱

年春天，在坟墓上长出来一棵美丽的莨苕花，茎叶越长越多，竟把这只小花篮环绕了起来，形成一个很美丽的图案。后来人们就根据这个奇妙的故事做成一种柱式，上部是藤蔓式的涡卷，下面便是莨苕花的茎叶图案，这就是科林斯柱式。

第三节 古罗马建筑的美

一

罗马的起源也很早，公元前8世纪，在今天的意大利（亚平宁半岛）早已有伊特鲁利亚人居住，曾建立早期奴隶制国家。后来于公元前509年，建立共和国。这是世界上最早的共和国。[①]

古罗马最早的历史，起于传说。早在古希腊与特洛伊战争的时期人们由于战争而逃跑到今意大利的一处地方，后来老国王被杀，他的孪生儿子被人放在篮子里丢入台伯河，后来被一只母狼所救。这两个孩子一个叫罗慕洛斯，一个叫雷默斯。后来罗慕洛斯杀死了雷默斯，夺得王位。这里就命名为罗马。

大约在公元前2世纪，罗马共和国强盛起来，从此开始了大规模的建设，除了建筑物外，他们还大量地造公路、桥梁、街道、输水道等。公元前146年征服了希腊，从而在建筑上大量地学习希腊，包括柱式、柱廊及其他建筑形式和细部。不但是建筑，在其他艺术文化领域也学习希腊。当时一位著名的诗人兼文艺理论家贺拉斯（公元前65～前8年），在他的《论诗艺》一书中说："你们须勤学希腊典范，日夜不辍。"（转引自朱光潜：《西方美学史》上册，103页，人民文学出版社，1982）

位于今法国南部尼姆斯的加特输水道，全长达40km，今尚存横跨加特河的一段，全长约275m，输水道顶部离河面约49m。此建筑建于公元14年。分上、中、下3层，上层是水道，中层是架立层，下层是桥，架立柱两边可以通行人和车马。因此下层比较宽。这三层均用连续拱券建造，见图1-9。顶层用小拱券，下面两层用大拱券。从形式美来说，就是变化与统一，而且非常有韵律感。古罗马的建筑，不但重视

图1-9 加特输水道

---

① 我国西周时期也有"共和"，那是在公元前841年，"国人"起义，周厉王逃奔到今山西霍州的地方，由共伯和摄行王事，号"共和元年"，共14年，周厉王死后，归政于周宣王。

工程技术和功能，而且也很注重形式美。

二

古罗马的建筑，类型很多，首先说凯旋门。这种建筑的功能顾名思义，是对外战争得胜归来，作为庆典而用的。军队班师回朝，浩浩荡荡通过凯旋门，那种兴奋、热烈的场面可想而知。位于罗马城内的铁达时（一译替度斯）凯旋门，建于公元82年，见图1-10。此建筑高14.4m，宽13.3m，立面近乎正方形。凯旋门厚6m。由于要解决拱的水平方向推力问题，因此凯旋门两边用很厚实的墙体挡之。

罗马城中的科洛西姆角斗场也是著名建筑之一。古罗马建造了好多角斗场，其中以这一座最大，也最著名。在古罗马时代，奴隶主们喜欢观看奴隶角斗，或奴隶与野兽斗，你死我活，场面惊心动魄，又十分残忍，血流满地。

科洛西姆角斗场平面椭圆形，长轴189m，短轴156m，中间表演区长轴87.5m，短轴55m，场内可容纳观众5万余名。在观众席下部还有休息室、服务性房间、兽栏、角斗准备室等。

这座建筑共分4层，从外形看，下面3层用连续拱券，富有韵律感。每层檐部都用线脚、栏杆等，强调水平线；墙上均设倚柱，强调的是垂直线。整体感很和谐，可谓古罗马建筑中之上品。

潘松神庙（又译潘泰翁神殿）即万神庙，建于公元120~124年，这是古罗马最大的一座神庙，此建筑的下部呈圆柱状，上部为半球形的穹隆顶，直径43.2m。为了克服穹隆顶的水平推力，所以墙身做得很厚，达6.2m。穹隆顶正中有一个直径8.9m的圆孔，作为采光口，光从顶部射入，有神启之感。潘松神庙正门用柱廊，上面是山花，正面用两排柱，每排8根科林斯柱，空间有层次，形象丰富、庄重。

三

古罗马人有公共浴池沐浴的习惯，所以当时建造了许多浴场，最著名的是罗马城内的卡拉卡拉浴场。这个浴场建筑不但规模大，而且又十分豪华。这个浴场不只是为了沐浴，也是一个社交和娱乐的场所。卡拉卡拉浴场长575m，宽363m，中间是可供1600人同时沐浴的主体建筑，周围是花园，还有运动场、讲演厅、商店等。

古罗马时代，人们喜欢享乐，同时也重视"歌功颂德"，为皇帝建造凯旋门和纪功柱。公元1世纪末到2世纪初，罗马皇帝图拉真率领军队沿着多瑙河战胜了达奇人，又在亚美尼亚战胜帕尔提亚人，从而罗马

图1-10　铁达时凯旋门

帝国的版图一再扩大，大量的奴隶流入罗马，国库充裕，经济繁荣，在一定程度上也缓和了国内的许多矛盾。图拉真为了炫耀自己的丰功伟绩，于是便建造了以他的名字命名的广场：图拉真广场（建于公元109~113年）。广场中立图拉真纪功柱。这是个空心圆柱，柱心设有螺旋形楼梯，人可以直达顶端。柱顶上有一个巨大的图拉真雕像，纪功柱总高35.27m，柱身高29m，底径3.7m，全部用白色大理石砌成，形式采用罗马多立克柱式。在柱身上螺旋形地盘刻着浮雕，绕柱达23圈。图1-11就是图拉真广场和纪功柱。16世纪，柱顶上的图拉真雕像被圣彼得雕像所取代。

图1-11 图拉真广场和纪功柱

第二章　外国中古建筑的美

第一节　拜占庭建筑的美

一

拜占庭（Byzantiun），原是古希腊时期的一个城邦，位于小亚细亚。今属土耳其。公元395年，因罗马帝国的两个王子内讧，遂分裂为东、西两部分。原来的罗马为西罗马，另一部分则向东迁到君士坦丁堡（现在的伊斯坦布尔），建立拜占庭帝国，即为东罗马。东罗马帝国版图也很大，包括叙利亚、巴勒斯坦、小亚细亚、巴尔干、埃及、北非、意大利及地中海的一些岛屿。拜占庭帝国的历史较长，直到1453年才被奥斯曼所灭，前后共达1000余年。

拜占庭的建筑很有特色，其特点有二：一是集中式布局，往往以一个大厅为中心，以纵横两条中轴线布局；二是穹隆顶，大厅用半圆形的穹隆顶，四周有用半个及¼个穹隆顶对称布置，在高度上层层跌落，形成庄重、辉煌的造型效果。

二

最能代表拜占庭建筑的是位于君士坦丁堡（今伊斯坦布尔）的圣索菲亚大教堂。此建筑建成于公元537年，为中世纪世界七大奇迹之一。这座建筑的规模相当大，从马尔马拉海很远的海面上就可以望见它了。这座建筑东西长77m，南北宽72m，是一座典型的以穹隆顶大厅为中心的集中布局的建筑。这个穹隆顶的最高处离地面近60m，圆的直径为32m。其边上有两个稍低的¼球面的穹隆顶，依附于大穹隆顶的两边，从而形成了巨大而带有节奏感的建筑轮廓。大圆穹顶的下部，有一圈由40个小窗洞组成的采

图2-1　圣索菲亚大教堂内景

光窗环，光线从高高的窗洞射进大厅，使穹隆顶显得轻盈飘逸，大厅中的光线也显得更为神奇。图2-1是圣索菲亚大教堂大厅的内景。这个建筑空间处理的另一个独特之处是教堂南北两侧还有楼层，这里是给女教徒们做礼拜使用的空间。楼层用柱廊与大厅空间相连。

三

拜占庭是一种文化，属中世纪文化。它的影响也很大，许多东欧地区都受这种文化影响。从建筑风格来说，也就涉及到这些地区。这种建筑形式后来也就成了东正教[1]建筑的主题。后来基辅的圣索菲亚教堂、诺夫哥罗德的圣索菲亚教堂、莫斯科的华西里·伯拉仁内大教堂、克里姆林宫中的乌斯平斯基教堂以及威尼斯的圣马可教堂等，均属东正教堂。

基辅的圣索菲亚教堂建于公元1017~1037年，也是早期的俄罗斯建筑风格的代表。此建筑平面紧凑，近乎正方形，东面有5个半圆形神坛。外形窗小墙厚，具有坚实之感，与西欧天主教堂的空灵感是一个强烈的对比。此建筑的上面，有13个立于高鼓座上，高低参差的穹隆顶。教堂内的装饰，多为湿粉画，还有一些彩色镶嵌画。

四

诺夫哥罗德的圣索菲亚教堂始建于公元1045年，公元1050年建成。教堂的建筑形式是典型的东正教堂建筑形式，其特征是圆尖顶和带壁拱的白墙，上面开细长的小窗，看去庄重雄伟，简洁宁静。从整体形象来看，以5个高低、大小不同但形式相同的圆尖顶统率着整个建筑的形象。这种形式就是集中式布局（拜占庭形式），它具有强烈的宗教性和纪念性。同时，教堂的西南角设一塔楼，上部设双层圆顶，所以在建筑整体上有些弥散开去，或者说是建筑出现某些动姿，增添了建筑的活力和美感。

五

圣马可教堂位于威尼斯，建于公元1042~1071年，是在原来的被烧毁的教堂旧址上建造起来的。它的形式是根据康斯坦丁城的使徒教堂发展而成。教堂平面是十字形式：4个翼一样长，不同于拉丁十字那样有一个翼特别长。其4个翼和大厅中心各伸出一个圆穹顶，中间的最高，其余4个一样，形成中心对称形式，这是拜占庭式建筑的惯用形式。这种圆顶，外部举得很高，原来它是分2层的，内层弧度平缓，不足半个球面；外层很高，半球的下部还延一段圆柱形，然后再与其他层面相接。由于增高了外部轮廓线，所以教堂的外形显得庄重而华丽。在正面入口处设有两层楼的门廊，环抱着教堂的西端的一翼，共3个，形成平直的外形，其正面（西立面）是一排5个大圆拱，券门用云石束柱作为墩子，显得庄重又丰富。

六

华西里·伯拉仁内大教堂位于莫斯科红场的边上。此建筑建于俄罗斯伊凡四世时期，公元1555年始建，5年后完工。它是为纪念最后战胜蒙古人，同时喀山公国和阿斯特拉罕并入俄罗斯而建，所以又是一个纪念性的建筑。

---

[1] 东正教即"正教"。公元1054年基督教会东、西两派分裂，东派主体为"正教"，即"东正教"。拜占庭帝国时期为帝国的国教，直接受皇帝领导。拜占庭帝国灭亡后，各教区各自为政，称自主东正教会。

这座建筑的造型很别致，图2-2，由9个形状、高低和大小都不相同的圆尖顶组成。教堂的平面形状是8个小顶围着带有1个大顶的大厅组成，并且有1个大平台把它们联合成整体，形成集中式的、中心对称式的形状。中间这个大的圆尖顶又高又大，显然是主体，建筑组合的中心。这个顶的形状，是在帐篷式尖塔上顶着1个圆尖顶，其高度为46m。这座建筑的外形之美，是由于它符合建筑艺术的法则。

首先是变化与统一的法则。这许多圆尖顶是统一的，但又是有变化的。从其表面看，有的用直条纹，有的用螺旋条纹，有的带有小花点等，它们的大小和高低也各不相同。

其次是均衡与稳定的法则。这座建筑在形体上是中心对称的，1个大的在中间，4个较小的在最外层，4个最小的夹在中间，既有规律，又很均衡。人们在红场上或其他任何地方看去，对称的位置总是少数的，大多数的位置看到的总是不对称的形体，这种形体又由于它的高低错落，所以极富均衡感。

图2-2 华西里·伯拉仁内大教堂

第三是比例与尺度的法则。这座建筑也注意高度方向的比例关系，圆尖顶与下部的比例是和谐的；高的圆尖顶和低的圆尖顶之间的比例更为适宜。从尺度上说，可以用宜人二字来形容。它虽然是宗教建筑，但不同于哥特式教堂那样，直指天穹，引向上苍天国之所。从建筑尺度来说，也许尚显示出某些人的迹象。

另外，从象征和隐喻来说，这个教堂也表现了较好的效果。那形体的丰富多变、高低错落，那色彩的绚丽多姿、璀璨辉煌，给人们以运动感、凝聚感和欢乐感，这不正表现出俄罗斯的胜利吗？他们结束了异族的奴役，众多的民族团结在一个伟大的名字——俄罗斯的周围。这个建筑形象充分表现出欢欣鼓舞的心情和场景。

第二节 罗马风建筑的美

一

罗马风（Romanesque）也称罗马风格。公元8世纪后，随着欧洲社会的渐渐安定，建设也渐渐多起来了。人们重新注意到文化，并且重新怀念起古罗马（文化）。因此这一时期的建筑，就叫"罗马风"。"罗马风"，是指它有古罗马的建筑形式，但已不完全是古代罗马的形式了。建筑上有许多做法，多来自基督教的教义要求。

二

意大利的比萨大教堂是罗马风建筑的主要代表。此建筑始建于公元1063年，1092年建成。教堂平面呈十字形，其中一翼特别长，似西欧教派的拉丁十字。这长的一翼就是长方形的大厅，其4翼的十字交叉处就是圣坛，两端设歌坛。教堂正立面下部为圆拱门，上部用4排柱子叠成，柱间也用圆拱相连，形成上下4排柱廊。

除了主教堂外，还有一个圆形的洗礼堂，位于主教堂正面前方。此建筑直径35m，高54m，上面用的是圆穹顶。北面是陵墓，为一院落式的建筑，自成一体，但形态与整个大教堂建筑是很和谐的。大教堂的后部是钟塔，即著名的比萨斜塔。

这座斜塔平面圆形，直径16m，高55m，共8层。除了底层和顶层外，中间的6层都做成围廊形式。塔内有楼梯，人们可以通过楼梯到任何一层，站在廊子里凭栏向外眺望。这种形态有点似中国的佛塔。

这座钟塔始建于公元1174年，当建造到第三层时，已发现塔身倾斜，工程停下来。后来由于战争的原因，此工程停了百年之久，直到13世纪70年代才重新开工。当然建造的难度相当大，斜着造上去，必须小心翼翼。此塔至1370年完工。从开始到建成，经历了整整200年，这在建筑历史上是少有的。因此这座斜塔被列为世界中世纪七大奇迹之一。

三

杜伦姆教堂也是典型的罗马风建筑。此教堂位于英国伦敦，建于公元1093~1133年，是一座教堂团僧侣教堂。其歌坛、耳堂及西面塔楼的形式在英国是最好的罗马风教堂典范。东翼的拱顶可能是意大利以外地区带肋拱顶的最早尝试，中厅的带肋拱顶则是最早结合横向尖拱券的做法。中厅的柱墩交替使用圆形及复合型，柱墩上带有很美的凹线装饰与带线脚的拱券。歌坛是1093~1104年建造的，耳堂是1100~1110年建造的，中厅是1110~1128年建造的，带肋拱顶是1128~1133年建造的。

四

罗马风时期的教堂建筑与古罗马时期的拱顶之不同处，在于拱肋的使用，这种建筑结构可以减轻屋面的厚度，从技术来说有了明显的进步。同时，为了表现出建筑空间的垂直向上的效果（出于宗教的需要），这时已出现了"束柱"，即一根粗大的圆柱外表，做成好似数根柱子合起来的感觉。但是，无论是拱肋屋顶还是束柱，罗马风时期的这些做法还处于初创时期，一直要到13世纪末哥特式教堂兴起，这种形式才进一步盛行起来。

罗马风时期的教堂门窗，也与古罗马时期的不同。虽然仍是半圆拱形，但下部却拉长了。古罗马时期的圆拱形门窗，圆拱下面的直柱部分，一般高与宽几乎相等（形成一个正方形），但罗马风时期的门窗，圆拱下面的直柱部分，一般高与宽之比接近2~3倍，看起来比较修长了。向上、空灵，这些形象更符合基督教的本义。

从11世纪开始，西欧出现了许多罗马风建筑，除了上面说的几座建筑外，还有日尔曼的窝姆斯教堂（公元1110~1200年）和科隆使徒教堂（公元1220~1250年）；法国南部的昂古莱姆教堂（公元1105~1128年）和波特尔圣母教堂等等。

艺术与宗教的结合，产生美，这也就是西方中世纪美学的出发点。当时的美学家圣托马斯·亚昆那（公元 1226~1274 年）曾说："艺术品的形式放射出光辉来，使它的完美和秩序的全部丰富性都呈现于心灵。这种光辉来自上帝。"（转引自朱光潜：《西方美学史》上册，人民文学出版社，1982）

第三节 哥特式建筑的美

一

上面说到，中世纪的美学是在"为了上帝"和"上帝的光辉"照耀下才是美的，哥特文化也同样如此，从13世纪开始，哥特式建筑风靡欧洲。哥特风格，广泛地运用线条轻快的尖拱券，造型挺秀的小尖塔，轻盈通透的飞扶壁，修长的束柱，以及彩色玻璃镶嵌的花窗，造成一种向上升华、天国神秘的幻觉，反映了基督教盛行的时代观念和中世纪城市发展的物质文化面貌。它的代表作除了法国的巴黎圣母院外，还有德国的科隆大教堂、英国的林肯大教堂、意大利的米兰大教堂等等。

著名的印象派画家莫奈（公元 1840~1926 年），面对着卢昂大教堂，曾画了 40 幅不同阳光下的教堂形象。青年的歌德（公元 1749~1832 年）在斯特拉斯堡大学就读时，曾对科隆大教堂和斯特拉斯堡大教堂产生强烈的感受，写过一篇有名的文章，歌颂哥特建筑的艺术。他称那教堂的建筑师为天才，"因为他的思想到今天还作为长久起作用的创造力而保持它的影响。"直到八十高龄，歌德仍深有感触地对他的好友爱克曼说："魏玛宫堡的建筑给我的教益比什么都多，我不得不参加这项工程，有时还得亲自绘制柱顶盘的蓝图。"

哥特式教堂就是这样地引发起文学家的意境感受和想象力，唤醒了他们的灵感，从而开创出了一个新的颇有影响的文学流派。1765年，英国的一位叫霍勒斯·华尔普尔的作家，以中世纪的城堡为背景写出了一部题为《奥特朗图堡》的长篇小说，获得很大成功。于是写这种题材的作品立刻风靡了起来。许多小说都以中古时期的城堡、寺院、教堂作为背景，展开情节，被称之为哥特小说。

二

法国著名雕塑家罗丹（公元 1840~1917 年），站在巴黎圣母院面前感叹道："整个法兰西就包涵在巴黎的大教堂中。"当年，雨果也曾在他的那部举世闻名的巨著《巴黎圣母院》中写道："那可敬建筑物的每一块石头，都不仅是我们国家的历史的一页，并且也是科学和文化史的一页。它以令人眩目的辉煌壮丽，使人们淡忘或者宽恕了那个诅咒的年代。"

巴黎圣母院建于公元 1163~1250 年。全部建筑物都由石头堆积而成，包括门楣、窗棂以及纤巧的网状面罩式装饰，宛如一曲壮丽的岩石交响曲。它是欧洲早期哥特式建筑与雕刻的主要代表。

巴黎圣母院位于巴黎城中塞纳河上的塞德岛。主入口朝西，前面的广场是市民的市集和节日活动的中心，这也可见基督教文化的民间性。这座教堂的平面宽 47m，长 125m，做礼拜时可容近万人。教堂后部有半圆形通廊。教堂正面是一座高达 60 余米的钟塔，见图 2-3，粗壮的墩子把立面纵分三部分，两条水平线又把立面横分三部分。正中一个玫瑰窗直径达 13m，两侧尖券形窗，钟塔上也是尖券形窗，下面3个门也是尖券形的，这些都显示出哥特式建筑的特色。

三

巴黎圣母院正面正中是大玫瑰窗，这种窗几乎每个哥特式教堂上都有。相传这不但是个窗，而且也与宗教有关，被称之为"傻瓜的圣经"。不识字的信徒们看不懂《圣经》，他们就可以在大玫瑰窗里找到自己的灵魂之所在。"玫瑰花窗连同钻石形的花瓣代表着永恒的玫瑰（象征极乐的灵魂在上帝身旁放出不断的芬芳，歌颂上帝）；叶子代表得救的灵魂；各个部分的尺寸都相当于圣数。"（丹纳. 艺术哲学. 北京：人民文学出版社，1981）

图2-3　巴黎圣母院

法国的兰斯大教堂正立面的正中，也是个大玫瑰窗，这座教堂位于法国马恩省省会（巴黎的东北），始建于1210年。这座建筑建造的宗旨是壮丽，要与作为法兰西国王加冕的至尊身份和荣耀相称。最初的30年，建造了东端圣坛，后来过百余年才终于建成。兰斯大教堂以形体匀称，装饰纤巧而得名，它称得上是法国最美的哥特式教堂，又被称为"最高贵的皇家教堂"。

兰斯大教堂采取了典型的法国哥特式教堂布局，结构及装饰手法也同样。教堂平面呈拉丁十字形，中厅高38m，宽14.6m，纵深138.5m，空间高而狭，有高直和深邃感，产生强烈的透视动势，引向上帝的所在——圣坛。正立面比例较巴黎圣母院略细长，厅表面布满雕饰，底层并排3个透视门和壁龛，尖券突破了水平饰带。墩柱、塔楼、券柱柱廊、门窗等细部装饰无一不取尖券形式。飞扶壁在兰斯大教堂中显得特别轻灵，扶壁其实已无壁，只有受力骨架，这些骨架既是结构，又是艺术。在这些骨架的顶部冠以锋利的小尖顶。大门两侧雕像，比例修长，雕工精美。整座教堂显得庄重而华丽。图2-4是兰斯大教堂的外形，可以看出这个建筑形象不但丰富多彩，而且又显得很统一，有秩序感。这就是建筑美学法则中的变化与统一。

四

哥特式教堂在基督教建筑里称得上是最辉煌的形式了，其中又以法国的哥特式教堂最负有盛名。有人说法国的哥特式教堂，以巴黎圣母院的立面最美，兰斯大教堂的雕塑最有名，夏尔特教堂的塔楼最有特点，亚眠大教堂的大厅最高大。

亚眠位于法国北部，是中世纪法国的一座著名城市。此教堂于1220年始建，约50年后完成。12世纪下半叶后，随着尖券肋骨拱顶技术的逐步成熟，经验日益丰富，工匠们运用这些技术，创造更高大的空间，中厅的高度一般均在30m以上。亚眠大教堂的中厅宽约15m，高达43m，其规模不但是法国哥特式教堂之最，而且它的高耸的中厅让人们感到空间在升腾，表达出宗教的寓意。中厅中的支柱已不是圆柱，有敦实感，而是做成束柱形式，似乎是一束细细的柱子组合起来。束柱一直向上，直接承载上面的六分拱肋的屋顶，形成一个完整的骨架结构体系。那些挺拔的束柱，将人们的目光引向高远的拱顶，柱间墙表面开着很大的窗户，彩色玻璃窗闪烁着令人目眩的光，更使拱顶显得飘忽而神奇，似乎浮在空中，产生一种迷人之美，当然也使人感到自我的渺小，在精神上产生强烈的震动。

五

乌尔姆教堂位于德国巴登—符腾堡的城市乌尔姆。这座城市在公元9世纪还是王室领地，13世纪时迅速发展成为一个自由城市，凭借其处于贸易路线中心的有利位置，带来城市的繁荣。新兴的市民阶层在城内建造教堂，大有与教会统辖的主教堂一争高低之气概。中世纪德国教堂很少采用双塔耸立的正立面，多以单塔造型，这也是德国中世纪教堂建筑的一个特征。

图 2-4　兰斯大教堂

乌尔姆教堂（始建于公元 1377 年）正面朝西，在其西端耸立起一个高入云霄的钟塔。这对市民和教徒来说是很受鼓舞的。有人说这座塔好像一座纪念碑，显示出他们的力量和财富。到了 15 世纪 60 年代，高塔已建造到 100m，由于经济的原因，只得停下来，直到 19 世纪 80 年代才继续往上造，并最终完成。塔楼高达 162m。塔的平面八边形，表面做一层精致的石雕窗格式的雕饰，这也是德国哥特式建筑的装饰风格。巨大的塔身渐渐向上收缩，形成瘦削锋利的尖顶。如果用现在的高层建筑来核算，它是一座高达 54 层的建筑。

六

哥特式建筑在意大利不怎么流行，但也有几座相当有名的，其中最负盛名的就是米兰大教堂（图 2-5）。米兰位于意大利北部，中世纪时这里手工业十分发达，同时它也是意大利的一座艺术名城。米兰城内的这座大教堂，至今仍是最令人惊叹的建筑。这座教堂于公元 1385 年始建，公元 1418 年主体结构完成，但后来工程停下来，竟停了近 500 年之久！到了 19 世纪才最终完工。教堂内部空间保留了巴西利卡的特点。标准的拉丁十字形平面，宽敞高大，可容 4 万人。中厅高 45m，宽 59m，长达 100m，两侧通廊也高达 37.5m，形成"三重中厅"，因此它与哥特式的

图2-5　米兰大教堂

图2-6　林肯大教堂

高而修长的风格有些不同。厅内共有52根柱子，每根高约24m，直径约3m，顶部有柱帽，形态完美，还雕有壁龛，龛内有雕像。东端有三个高大的花格饰窗，可谓玲珑剔透，堪称哥特风格之精品。教堂的外表，布满白色大理石镂空雕饰，这种装饰风格来自德国北部的建筑文化。墙面强调垂直线，壁柱如林，突破水平檐部，竖起一个个的小尖塔，尖塔顶端饰以镀金神像雕刻，教堂上的雕像多达3千余个，在阳光照射下，闪闪熠熠，神奇无比。

七

英国中世纪的哥特式教堂又有自己的风格。在此介绍一下林肯大教堂。这座建筑始建于公元1073年，重建于公元1185~1320年，位于一个坡度较陡的小山上。开始时，由诺曼底人建造，现在只有西立面的下部是原来建造的，其余部分是后来重建的（原建筑毁于地震）。歌坛、东边耳堂及原来的多边形的半圆形殿宇，建成于公元1200年，是英国早期拱顶的著名作品。如主要耳堂、中厅、中央塔楼、盖立黎门廊（Galilee）、教士会堂（公元1209~1253年重建）。其装饰性拱顶有"天使歌坛"之称，在公元1256~1280年间是最著名的教堂。公元1311年建成的中央塔楼，高达82.5m。因此这座建筑的西立面十分辉煌，而且又有个性。如图2-6所示，方形平面钟塔，在四角顶上有小尖顶，正是英国哥特式建筑的"符号"，后来伦敦国会大厦边上的维多利亚塔和大本钟塔，都是这种形式。

第四节　伊斯兰建筑的美

一

伊斯兰教创始人是麦加城（今属沙特阿拉伯）古莱西部落的商人贵族穆罕默德（公元570~632年）。大约在公元610年左右，穆罕默德开始在麦加宣传伊斯兰教教义，把古莱西部落的主神安拉奉为唯一的宇宙之神。伊斯兰教的圣典《古兰经》，据说是安拉通过穆罕默德降谕世人的"默示"。经上说："除独一的安拉以外，别无主宰"；"安拉为你们创造大地上的一切"；"天地万物皆属安拉"。穆罕默德自称是全能的安拉使者、信徒的"先知"。"伊斯兰"原为皈依之意。伊斯兰教的信徒

第四节 伊斯兰建筑的美

"穆林斯",意即信仰安拉、服从先知的人。伊斯兰教建筑称清真寺（礼拜堂）。从整个伊斯兰教（建筑）来说，还包括城塞、王宫、经学院、墓寺、图书馆及澡堂等。

伊斯兰建筑风格，一部分吸收了东罗马拜占庭建筑风格，另一部分则是西亚地域的传统建筑风格。当然还可以上溯到波斯帝国时期的建筑风格。一般的建筑形式采用立方体房屋，顶上加建穹隆顶，加上叠涩拱券、彩色琉璃砖镶嵌以及高高的邦克楼等等。

伊斯兰建筑的美，通过一些具体的实例进行分析。

二

克尔白，即"天房"，位于今沙特阿拉伯的麦加，为伊斯兰教最崇高、最神圣的圣殿，意译是立方体，或称神之馆。穆斯林（教徒）每天要进行五次礼拜，其方向目标是向克尔白。全世界各地的穆斯林巡礼朝圣也以克尔白为方向目标。据古兰经记载，克尔白的建造者是阿布拉哈姆及其子伊修玛耶尔。根据历史传说，穆罕默德青年时代的克尔白，高近及人，没有屋顶，但由于被火烧掉，改建成约略与现在所见相近的形式。此后，在伊本·阿兹巴义尔时曾经扩建过克尔白，他死后又恢复成旧状。经过公元1630年的改建修缮一直延续到今天。

现在的克尔白位于麦加大清真寺内院的中央。它是一座建在大理石基础之上，长12m，宽10m，高约15m的石构建筑物，其四角约略朝向东西南北。平屋顶向西北方向倾斜，并装有雨水管。朝向东北的一面为正立面，于其右侧，在建筑物向东的墙角上，离地高约1.5m之处，嵌有供巡礼者们亲吻的神圣的黑石。在正面距地2m处，设有进口。必要时，随时可以自外架设踏步进入内部。内部为大理石铺地的地面，以3根木柱支承屋顶。建筑物外面自上而下覆盖着一块大黑幕布，只有巡礼期间，才将下半部卷起。（引自《中外建筑鉴赏》，同济大学出版社，1997）

三

阿赫默德一世清真寺位于土耳其的伊斯坦布尔市。这座清真寺建于公元1608~1616年，是奥斯曼帝国阿赫默德一世命建筑家麦特阿加建造的。从总体上看，由礼拜殿、内院、回廊三部分组合，呈封闭型的矩形布局，结合土耳其地区拜占庭建筑传统，尺度宏大，大量使用球面穹隆，修长的光塔，多至6座，遍体利用镶嵌装饰，形成雄伟壮丽，别具特色的建筑风格。礼拜殿主殿宽60m，深55m，在这样广大的空间内，仅有4根大圆柱支承。柱和柱间架设庞大拱券，将券顶结成圆形，覆盖中央大穹隆，直径24m，顶高43m。其外侧四面分设半球形穹隆，以抵抗水平推力。四角再设小穹隆。表面均贴青蓝基调的彩釉瓷砖。玻璃镶嵌花窗达260余扇。正面后壁设礼拜龛，右侧设阶梯状讲经台，是清真寺必备的教祖穆罕默德的象征。此寺规模巨大，形态壮观，在奥斯曼帝国的许多清真寺中，这座清真寺称得上最大者。

四

16世纪下半叶，在印度莫卧儿王朝所在地阿格拉附近始建一座离宫，在宫内建清真寺。寺的正面设门（南首）叫布兰·达瓦扎。此寺于公元1602年建成，是印度伊斯兰建筑中的一个杰出的建筑。

布兰·达瓦扎高达 51.7m，立于一个宽阔的大台阶上，看起来更显得宏大壮观。它的正面，外框套一个巨大的长方形门框，框子内就是一个大的圆尖拱门，高达 30m；两侧都转 45°，对称排列着双层的圆尖拱门窗，又在上下 2 个较大的圆尖拱门窗的中间，夹着一排水平排列的 3 个小的圆尖拱形的花饰。整个建筑以不同大小的圆尖拱为主要的构图符号，形成变化统一的艺术效果，看上去整体性很强。这个建筑的顶端，设有大小不同的许多圆尖形的穹隆顶，也与圆尖拱形成内在的联系，即风格上的统一。

布兰·达瓦扎的墙面以具有印度特色的红砂石，上面镶白色大理石构成，具有强烈的印度传统建筑特色，无论是色彩和材质都是如此。

这个建筑的比例十分得体，并用虚实对比的处理，使形象很动人。特别是凹廊部分，阳光射来，内部产生较大的阴影，阴影的轮廓线柔和动人，增加了建筑的明快感。这一建筑从造型来说，也是伊斯兰建筑中的比较成功的一座。有人说它的尺度和比例把握得很得当，形象的层次性井然，又富有节奏感，明快而又有力，健中有美。

这座建筑造型的唯一缺点是屋顶部分处理欠佳，不但显得杂乱无章，而且那几个穹隆顶尺度过小，与下部的大拱门很难协调，看上去好像是临时放置在上面似的。另外，在色彩处理上，从整体构图来看尚觉零乱。（引自《中外名建筑鉴赏》，同济大学出版社，1997）

五

苏丹哈桑礼拜寺位于埃及的开罗，此礼拜寺建于公元 1356~1363 年。占地近 8000m^2，是埃及伊斯兰建筑的杰出代表作。这座礼拜寺建于土耳其苏丹统治时期，但充分反映了埃及伊斯兰建筑的另一特色：内院周围无回廊，而是 4 个开敞的广厅，东广厅后面有 28m 见方的墓堂，上有尖顶穹隆，顶高 55m，两旁有邦克楼，其一高 81.6m。其内院的 4 角各有一门通向 4 座讲堂，其中最大的一座面积达 898m^2。（引自罗小未、蔡琬编《外国建筑历史图说》，同济大学出版社，1986）

六

阿尔罕布拉宫又称"红宫"，位于西班牙格拉纳达山上，是一座保存得比较好的伊斯兰宫堡，建于公元 1338~1340 年间。这座宫殿是来自北非的柏柏尔人伊斯兰王国所建。

这座宫堡四周围以红石砌成的围墙，全长达 3500m。沿墙筑有高低不同的方塔。宫堡主要有两座院子组成，一座是南北向长方形院子，称玉泉院；另一座是东西向长方形院子，称狮子院。前者为 1000m^2，后者为 500m^2。玉泉院是国王接受朝拜之处，狮子院则是后妃们居住的院落。

玉泉院南北两侧是券廊向着院内，东西两侧是清真寺和浴室。北侧券廊后面建有长宽高均为 18m 的正殿，其墙面上画着各种图案，着以蓝色，掺杂一些红、黄、金色，显得富丽堂皇。院内尚有一清澈的水池，映出正殿及券廊的倒影。

狮子院周围是马蹄形券组成的回廊，墙上装以精美的石膏雕饰。尤其引人注目的是由白色大理石制作的纤细的柱子，共有 124 根。这些柱子并不是一根根独立地支撑着券廊，有的是双根柱并列，有的是三根柱并列，也有一根柱的，其光影变化也十分有趣。整个庭院给人以妩媚明快的感觉。它的另一特点是引山上的泉水穿过后妃们的居室汇入院中形成一方水池。池的四周雕有12头雄狮,水从狮子口中喷出,形成喷泉,并由此而得狮子院之名。这座宫堡的柱子、券廊及其艺术水平极高的钟乳拱和柱头的多种装饰以及墙面的图案等,都是西班牙伊斯兰所特有的建筑装饰。

七

伊斯法罕皇家礼拜寺位于伊朗中部伊斯法罕的皇家广场南端。此寺始建于公元1612年,公元1639年建成。寺的创建者是国王阿拔斯。这座礼拜寺无论规模、造型和装饰诸点而言,都居波斯伊斯兰建筑首位,堪称世界一流建筑(图2-7)。自广场北向而入,为宽广之门殿,两侧为光塔。门殿原为正南北向,入内即转45°西南向。进入扁长形的内院,正面为主

图2-7 伊斯法罕皇家礼拜寺

殿的高大穹隆顶和华丽的门殿,秀美的光塔分列左右。东西两侧是经学院,中央处亦设门殿,故此内院是具有该地特色的四门殿式。所有结构部分,均以砖砌成,表面贴满彩釉瓷砖,并镶拼成几何、植物、阿拉伯文字图案,以蓝绿色调为主。内部用大小不同的钟乳拱券,巧妙组合布置,承托正方形殿堂上的圆形穹隆。穹隆是内低外高的葱花形双层结构,高达47m。主殿前后两座光塔高44m,亦遍贴彩釉。色彩丰富,清爽洗练,是伊朗中世纪后期建筑之特征,令人赞叹不已。(引自《中外名建筑鉴赏》,同济大学,1997)

八

印度阿格拉平原上的泰姬·玛哈尔陵,一向被誉为是一座象征永恒爱情的建筑,见图2-8。

17世纪中叶,印度莫卧儿王朝的第五代皇帝沙杰汗,于公元1613年率师南征讨伐叛乱时,尽管泰姬·玛哈尔已怀孕在身,但还是随从皇帝南征。在出征扎布尔汉普尔时,这位举世无双的美人却在分娩时不幸去世。皇帝悲痛欲绝,将自己关在帐篷里绝食,不见任何人,只是长吁短叹,整整持续了8天。到了第9天,沙杰汗才走出帐篷,这时他已变成白发苍苍的老人。班师回朝后,他决定为爱妃泰姬·玛哈尔建造一座世上从未有过的美丽而庄重的陵墓。经过察勘,他决定将陵墓建造在朱木那河畔,这里不但风景优美,而且能从王宫的窗口直接望见陵墓,他希望同爱妃像生前一样朝夕相处。

泰姬·玛哈尔陵于1632年始建,前后用了15年时间建成。这座陵墓,用洁白纯净的大理石筑成,其上还镶嵌着28种宝石。在泰姬·玛哈尔的棺椁上,铺盖着珍珠编织成的被褥。棺外的护栏,用纯金制成。陵墓大门是银制成的。当时为了这座

图 2-8 泰姬·玛哈尔陵

陵墓不知花了多少人力和财物。可是这些金银珠宝，后来却被异族入侵者一扫而空，唯有这座建筑——象征着永恒爱情的艺术品，至今仍然留存着。

这座陵墓的形式属伊斯兰建筑形式。建筑形象对称庄重，气氛肃穆，但亦明朗，不同于一般陵墓的沉闷。下部一个台基，上面的建筑是传统的伊斯兰建筑，以大门和圆尖顶，形成构图的主体，如图 2-8 所示。建筑的两边有双层的门窗，在形式统一的基础上以大小的不同形成变化与统一的形式美效果。大圆尖顶边上，也用 4 个小圆尖顶与之呼应，而且在四角的塔楼顶上也用这种圆尖顶。因此，整体性很强。上部的圆尖顶和下部的建筑之间比例十分得当，又反映出形式美的效果。正面两边用 45°折角，又使它与上部的圆尖顶协调。这座建筑色彩简练，洁白的形象在阳光照射下明快无比，它与门窗内的暗部产生强烈的明暗对比。在陵墓的前面，开掘了一条长长的水渠，建筑物的倒影在水面上轻轻浮动，更使建筑显得奇妙和秀美。

这座建筑在文化史上有很高的地位，被人们誉为"印度的珍珠"、"中世纪七大奇迹"之一。美学家宗白华说："这一建筑在月光下展开一个美不可言的幽境，令人仿佛见到沙杰汗的痴爱和那不可再见的美人永远凝结不散，像一首歌。"

第五节 东南亚诸地建筑的美

一

东方文化在古代，包括中国、日本、朝鲜及中南半岛和马来半岛、南洋群岛诸地。这些地方的古代文化虽然众多，但从大的文化属性来说还是属一个系统的。除了中国文化自成一体外,其他如日本、朝鲜等地的文化,都有自己的发展历程,从而也有它们各自的美。

从建筑美学的角度来看,除了中国以外,不外为日本、朝鲜(韩国)、中南半岛(缅甸、泰国、越南、柬埔寨、老挝等)、南洋诸地(今印度尼西亚、马来西亚等)。建筑文化、建筑美学,与整个文化艺术系统是一致的,地域和历史是最基本的系统要素。

二

先说日本古代的建筑及其美。日本的古代建筑,其材料多用木材和石材,还有竹、土、树皮和草料等。早期的建筑造得较为原始、简陋,后来从中国带来许多建筑技术经验,房子越造越考究,而且有了定式。日本古建筑的美,通过一些实例来分析。

伊势神宫和严岛神社。伊势神宫是日本古代神社中最有代表性的一个,位于三重县,一名皇大神宫,神社建筑坐落在海滨的密林中,其环境很有神启之感。此神社分内外两个宫,都用木柱,用木板围起来,正殿在最里面,形式简洁而有秩序。凡是木制的,一律用木的本色,木纹清晰。神宫正殿不大,但形态精美。草顶和板墙形成一个深厚而有体积感的形象。在屋脊处,把结构强调出来,成为装饰,也表现出民族个性。严岛神社,其建筑称得上是日本最美的神社建筑,此神社位于广岛县严岛,这里风光秀美,神社建造在一个朝向西北的海湾处,陆地上有茂密的丛林,正面是海。正殿长方形,长24m,宽12m,前面有拜殿及舞台等,形成一条自西北向东南的中轴线。在最东南的海面上,是"鸟居",形似牌坊,象征海神之所在。神社所在的整个海岛,被人们视为"圣地"。这个神社的主殿中供奉的三位神道女神,是本地的主要神祇之一的暴风雨神的女儿。

三

奈良法隆寺。大约在公元6世纪,中国佛教经由朝鲜传入日本。当时日本处于圣德太子统治期间,大力提倡佛教,多次派遣使节、学问僧去中国,广建寺院,将佛教作为服务于封建统治的国家宗教。公元7、8世纪,随着佛教的传播,带来中国的思想、哲学、文化和艺术等多方面的影响。

此寺最初是圣德太子于公元7世纪初所建,公元670年遭火灾,711年重修,后来历代又有多次修建,但基本上保持原来的形式。寺庙主轴线为南北向,穿过南大门,进到中门,是一个四周有围廊的内院,即佛教圣境,以内外划分佛与俗的界限。主体建筑金堂和五重塔分别置于轴线两侧。金堂内供佛像,为两层重檐歇山屋顶,面阔5间,进深4间,立于台基上。柱子粗壮,均为菱形,上刷红漆。柱的上部为云形斗拱,用正料刻成。出檐深远。二层勾栏采用变形的"万"字格及"人"字拱装饰。塔分5层,1~4层为3间见方(约11m),第五层略有收缩。塔高约32m,内有塔心柱,通至顶,其中相轮高约9m。这座佛塔比例和谐,高耸中显得平稳而文静,反映出佛教思想。当时人们说它象征着一只巨大的飞鸟,好像刚从中国飞来,双爪已落到地上,翅膀尚未收起。这个形象动人而确切,也增添了建筑美学上的魅力。

奈良的唐招提寺中的金堂,见图2-9,与中国古代的一位名僧鉴真和尚有关。

第二章 外国中古建筑的美

图2-9 奈良唐招提寺金堂

鉴真和尚为了传播佛教,历经千难万险,乃至双目失明,终于完成了他的宏愿大业,将佛教传到了日本。从公元759年起,他协助日本奈良建造唐招提寺,同时他还带去许多建筑技术工人,去帮助他们建造。当时,建造了包括金堂、讲堂、佛塔等建筑物。其中金堂至今保存完好。从这个建筑形象中可以看出,它与中国五台山的佛光寺大殿十分相似。屋顶均为庑殿顶,面宽都为7间,进深也均为4间,檐口也出挑深远,斗栱硕大。

京都平等院凤凰堂(图2-10),位于京都附近宇治。此建筑建于平安时期(公元794~1185年)。平安时期日本文化渐渐摆脱对中国的模仿,形成自己的民族文化。佛教不再具有国家性质,而随着净土宗在9世纪传入日本,成为王公贵族膜拜的主要信仰。佛寺建筑趋于世俗化,公侯豪门纷纷在自己的府邸、别馆中建造阿弥陀堂,这些佛堂不拘于早期形制,同住宅结合或采用当时住宅布置手法,饰以彩画,围以泉池林木,有着帝王之家的奢华和精美。平等院凤凰堂是这类阿弥陀堂中最杰出的典范,原是贵族的庄园,公元1053年在园中修建供阿弥陀佛的佛堂。建筑面东,三面临水,由正殿、两翼及尾翼组成,由于其平面伸展,形如飞鸟,故称凤凰堂。正殿面宽3间,与两翼用回廊相连,屋顶为歇山式,正脊两端立着一对铜铸镏金的凤凰。飞檐翼角,高低起伏,具有住宅的纤细优美之姿。正殿中央设须弥座,阿弥陀佛像端坐其上。天花藻井,佛像上方悬挂着团花状的木制透雕华盖,涂金漆,嵌镙钿,熠熠生辉。佛像周围的板障上刻有众多佛像,两侧墙面及门扉上绘有西方极乐世界净土景象;构架门窗结点等处,饰以涂金铜具,工艺精巧细腻。凤凰堂将雕刻、彩画、手工艺等汇集于一体,代表了平安时期日本的建筑艺术文化。

松本天守阁。16世纪是日本群雄割据的"战国"时期,连年战争,各封建诸侯竞相筑城自卫,营建城堡,在城堡中出现了一种用壕沟石墙围筑、多层城楼状的防卫军事设施,即"天守"。天守多在城堡中央,城堡内这种建筑有一个或数个。这种以"天守"所在的城堡为中心的城市称"城下町",高耸的天守阁成了城市的标志,也是诸侯武士炫耀军事武力的象征。

日本中部地区城市松本的天守阁始

图2-10 京都凤凰堂

建于公元 1594 年。建筑矗立在大块毛石砌筑的高台上，主体部分为 5 层，其余 2、3 层不等。屋顶歇山式，出檐宽大，局部挑出平台，层层收缩，形成强烈的水平线条，加之台基明显收分后倾，造型庄重。各局部朝向各异，重檐飞角山花穿插交错，立面构图的大小方向多变，其轮廓既富于变化，又有统一性和均衡性。

京都桂离宫。此建筑位于京都西南郊的桂川岸边，16 世纪末，是一处亲王的离宫，经数十年修建，于公元 1662 年完成，是日本著名的皇家园林。园林占地 4.4hm²，西倚岚山，地势平坦，园内叠石、林木及水池、建筑等皆精心设置。庭院中央挖掘水池，以引桂川水系，湖中有三岛，用石桥相连，池周围石径环绕，通向庭院屋宇。池岸曲折，岸边水钵、石灯等小品点缀其间。园中林木深郁，书院茶室掩映其间，其布局手法体现出江户时代日本园林的风格。书院是读书、静思的所在；茶室则是适应日本茶道的特别建筑形式。茶道渗入了禅宗的"和、静、清、寂"的精神，讲求静坐、凝心、观景，注重环境的清雅、质朴。茶室建筑运用木柱、草顶、泥墙、石阶、纸门等很朴素的材料。室前设茶庭，置景朴素而自然。

四

朝鲜半岛，即如今的朝鲜（北）和韩国（南）。早在 4 世纪时，这里就出现了高句丽、新罗和百济 3 个国家，三国相互攻伐，又有唐朝和日本介入，直到 7 世纪，由新罗统一。后来新罗国采用唐朝的政制，国力渐强。新罗国文化继承三国的传统，同时吸收中国唐朝的文化。中国传到朝鲜半岛的儒家思想和学说，到新罗时期得到进一步传播。公元 682 年，首都庆州设立国学，授儒家经典，以培养贵族子弟。

朝鲜半岛上的古代建筑及其美学特征，在此通过几个建筑实例进行分析。

佛国寺。7 世纪中叶，佛教由中国传入，因此大兴佛寺。佛国寺便是其中之一。此寺建于庆州附近的一个高阜上，寺院建筑由两个并列的院子组成，院子周围均设廊。东园的正中是金堂，堂前左右对称地置一对佛塔，中间是讲堂。南为山门，山门内左右各建一楼，东为钟楼，西为经楼。如今大多数建筑已毁。在金堂基址上，18 世纪中叶建起了一座雄伟的建筑：大雄殿，为佛国寺的主体建筑。佛国寺的山门叫紫霞门，立于高台的南端。高台分两层，用毛石驳坝墙，高高的建筑，气势雄伟，如图 2-11 所示。

昌德宫位于今之韩国首都首尔。公元 1405 年，李朝第五代国王建为离宫，后因兵燹被毁。公元 1611 年重修作为王宫。宫内为中国式建筑，入正门后就是处理朝政的仁政殿，殿内设有帝王御座。殿后的大造殿是寝殿。还有宣政殿、乐善斋等等。

五

在如今的中南半岛上，有越南、缅甸、泰国、柬埔寨和老挝等 5 个国

图 2-11　佛国寺

第二章 外国中古建筑的美

家。中南半岛上的中古建筑也很有名，在此从美学的角度分析其中的几座建筑。

仰光大金塔，即瑞大光金塔。此塔在缅甸佛教建筑中最有文化价值，见图2-12。此塔位于仰光市北部的因亚湖畔的一座小山上，这里地势高耸，周围风景秀丽，塔和环境相互生辉。这座塔建造于18世纪，塔身高99m，连基座约113m。塔的基座是十字折角形的，有许多线脚。这个基座甚大，总长达435m，四周还围绕着64座小塔。塔身用金箔贴成，塔顶装有精致的宝伞（华盖）和贵重的钻石珠宝。相传古时候缅甸人科加达普陀兄弟俩到印度去取经，并带回八根释迦牟尼的头发。为珍藏这八根佛发，于是就在丁固达拉山上（即今之塔基处）修起一座8.3m高的佛塔，以藏此宝。因为有这个重要的宗教文化意义，所以到了公元11世纪的蒲甘王朝时期，便成了整个东南亚的佛教圣地之一。

瑞大光金塔外形十分端庄，挺直向上的形象是由外轮廓曲线所显示的，这条曲线是一条向上升的抛物线，所以会使人感到有一股向上的力感，正

图2-12 仰光大金塔

反映了这座塔的形式原意。金色的塔身，在阳光下十分耀眼，显示着古代建筑艺术的光辉永不衰竭。

泰国原称暹罗，古都在今曼谷北部，大约在公元14世纪时建造大城王宫。此王宫在公元18世纪时毁于战火。公元1782年，皇帝拉玛一世登基，把都城迁到湄南河东的曼谷，着手建设王宫。这座宫规模甚大，宫中富丽堂皇的殿宇林立，风格多样，造型奇特。主要宫殿有阿玛林宫、节基宫、宝隆皮曼宫等。皇宫四周筑有围墙。宫殿中以节基宫为最大，也最华美。此殿形式很别致，以层层重叠、十字对称、中置宝塔尖顶的泰国民族形式为屋盖，但下部的墙壁和门窗形式则为西方古典建筑形式。这是由于当时英法殖民主义势力渗入中南半岛，所以带来了许多西方文化。当时的泰国皇帝和臣僚们也颇为欣赏这些西方文明，因此就产生了这种东西方混合的建筑文化。但像建造得较早的律实宫，则完全是民族形式的。泰国民族形式的建筑往往将屋顶装点得十分丰富，不但形式独特，而且色彩也很富丽，往往用红色和绿色组合起来，形成神奇的东方色彩。下部的墙、柱、门、窗等，虽然形式复

杂多变，但色彩往往不如屋顶强烈，多以白色为主，适当加上少量的其他颜色。

皇宫内还建有寺院。泰国信奉佛教，其佛教属南传佛教一支。宫内建有高高的大金塔，造型有些像缅甸的仰光大金塔。宫内建造的玉佛寺是著名的东南亚佛教寺院，里面有一尊玉佛，身上披的金缕衣，一年换三次：凉、热两季，再加上雨季。国王亲自为佛换衣。

柬埔寨吴哥城南有吴哥寺，即吴哥窟。此寺建于公元 12 世纪，寺的主体建筑是造在三级台

图 2-13　吴哥窟

基之上的 5 座塔。中间主塔，高 42m（从地面算起为 65m）。这五座塔形式相近，塔身和塔顶都雕莲花形（花苞），和谐端庄，如图 2-13 所示。相传这五座塔象征着印度佛教中的茂璐山上的庙宇。基座的回廊很精美，回廊墙高 2m，长达数百米，上面刻有浮雕。这些浮雕的题材大多选自印度神话故事。如其中的"乳海翻腾"，讲的是神和魔鬼为取得乳海中的长生不老药而订下合同。后来与一条巨蟒争斗，神变成了一个大龟，战胜巨蟒，并得到了长生不老药。但那魔鬼企图偷取长生不老药，在争斗时那长生不老药被魔鬼偷去，逃到茂璐山去了。浮雕形象刻得栩栩如生，细致入微。

六

印度尼西亚也是个历史悠久的国家。公元 7 世纪，苏门答腊建立室利佛逝国，是印度尼西亚历史上的一个封建国家。另外，在东爪哇，也建有麻喏八歇，是印尼历史上最强大的国家。后来葡萄牙和荷兰入侵，第二次世界大战时期又被日本侵占。战争结束后，于 1945 年 8 月 17 日，建立印度尼西亚共和国。

印度尼西亚最著名的历史古迹，就是位于爪哇中部日惹的婆罗浮屠（石塔）。这个建筑又称"千佛坛"，大约始建于公元 800 年，属佛教东南亚分支（南传佛教）建筑文化。全塔用 30 万块石头筑成，大的石块重达一吨多。这个塔身是一个四方形的台，每边长达 110m，共分 9 层，1~6 层为折角方形，象征地；上面 3 层（7 至 9 层）为圆形，象征天。底部四周有石级直通其上部。在上面的 3 层圆台级上面，均设有许多小塔，共 72 座，这些小塔上刻有孔洞，形似竹篓，所以这些婆罗浮屠又名"爪哇佛篓"。最顶上则是一个大佛塔，直径约 10m，塔群总高 35m。

佛塔每层都设回廊，壁上刻有浮雕。有些浮雕带有故事情节，一幅接一幅好像连环画，其内容均为佛教中的故事。全塔共有故事性浮雕 1400 余幅，其他装饰图案浮雕也有 1000 多幅。雕刻形象逼真，技法细腻动人，是佛教艺术中的珍品。这座婆罗浮屠真称得上是奇迹了。因此后来便被列为"中世纪七大奇迹"之一。

七

位于尼泊尔加德满都附近的斯瓦扬布寺,是著名的中世纪佛教建筑,建于公元前3世纪,是亚洲最古老的佛教圣地之一,也是尼泊尔的佛教中心。相传释迦牟尼曾到此共收1500名弟子。

斯瓦扬布寺的主体建筑是一座佛塔,塔的基座用纯白色石头砌筑,塔身金黄,上面有华盖宝顶。整座建筑雄伟壮丽,构图完美,是尼泊尔佛塔中之最美者。

塔的第一层塔基,建在一个白色大半球体上,四面设有三重檐金门金顶佛龛,里面是五大如来佛。塔的第二层塔身的下部,是镀金的方形建筑,四面各画有一双巨眼睛,叫"慧眼"。眼的下面画有一个红色的问号形象,是佛祖至尊的意思。第三层塔身的上部,圆锥形,用层层缩小的3个铜圆盘,象征十三层天界。第四层,是象征日月之光的两个圆轮,第五层是塔顶,巨大的华盖顶,四周设华幔,下挂小铜铃。华盖上面是铜质镏金塔刹。

斯瓦扬布寺佛塔的五层,均有寓意。第一层圆球体,第二层立方体,第三层圆锥形,第四层伞形,第五层螺旋形,这五种形状代表水、地、火、风和"生命的精华",在佛教中叫"四大和合",即大千世界,一切事物的组合关系。从美学的角度来说,这座塔的构图关系可以分几方面来说:一是变化与统一,各种不同的形组合在一起,但看起来风格统一而完整;二是均衡与稳定,下大上小,但其大小变化十分协调,各部分比例适当,外轮廓和谐得体;三是色彩和装饰繁简适度。

第六节　美洲古代文化与建筑

一

美洲古代文化发展得也比较早,但后来被西欧殖民者中断,成了"断层",以后不再延续下去。美洲古代文化,有好多积淀在其古建筑上展示出来。

古代印第安人所建的太阳神庙、月亮神庙和羽蛇神庙,位于墨西哥城东北约40km处,波卡特佩尔火山和依斯塔西瓦特尔火山的山坡谷底之间,面积超过20km²。"特奥蒂瓦坎"在印第安语中的意思是"神之地"。公元1世纪,特奥蒂瓦坎人在这里建造了拥有5万人的城市,为中美洲的第一城市。公元450年,城市达到全盛时期,兴建起大量的宏大建筑,其中就包括著名的太阳神庙(金字塔)和月亮神庙(金字塔)。

图 2-14　羽蛇神庙残迹

二

在城南有古城堡,是当年祭司的住地。城堡中有羽蛇神庙,如今只有庙基及部分残迹了。庙基斜坡上有遗留的羽蛇神形象及其他一些雕刻，可谓生动非凡。图2-14是羽蛇神庙上的雕刻形象。

三

位于墨西哥湾尤卡坦半岛北部的玛雅人，大约在公元5~6世纪时，建立了奇钦·伊查城，公元12世纪，托尔特克人占据该城200年之久。奇钦·伊查融合了两种民族文化。其中战士金字塔庙是该城宗教中心的主体建筑。此庙建造在一个比较低平的四级的金字塔式基座上，塔前广场上呈一定规则排列着上千根柱子，据推断可能本来是一个规模甚大的回廊。

第三章 近世建筑的美

第一节 文艺复兴初期的建筑的美

一

恩格斯在《自然辩证法》中说:"……拜占庭灭亡时抢救出来的手抄本,罗马废墟中发掘出来的古代雕像,在惊讶的西方面前展示了一个新世界——希腊的古代;在它的光辉的形象面前,中世纪的幽灵消逝了;意大利出现了前所未见的艺术繁荣,这种艺术繁荣好像是古典古代的反照,以后就再也不曾达到了。"(《马克思·恩格斯选集》第三卷,第445页,人民出版社,1972年)文艺复兴是西方中世纪转入近代的枢纽。传统的历史分期,西方从中世纪到近代,就是从意大利文艺复兴(15世纪)开始的。文艺复兴,实质是希腊、罗马古典文艺的再生。它作为一个社会运动,不只是意识形态的转变,更重要的是社会经济的转变。"从经济方面说,这些活动和成就替欧洲人开辟了市场和殖民地以及原料和资本的来源,从而在物质上促进了工商业的发展,加强资产阶级的地位和势力。从精神文化方面说,这些活动和成就打破了欧洲过去闭关自守的状态,扩大了西方人的眼界,破除了他们的迷信,提高了他们好奇心和进取的斗志。从此他们要求脱离中世纪的愚昧和落后状态,发挥固有的智慧,去从生产斗争和阶级斗争中改变他们的现状。"(朱光潜.西方美学史(上).北京:人民文学出版社,1982)

二

所谓"文艺复兴"(Renaissance),它的本意不只是文艺,应当解释为"古典学术的再生"。从美学上说,应当深入到哲学方面,社会文化方面。从思想领域来说,应当着重在人文主义,或说人本主义。文艺复兴运动,往往把这种人文主义思想,通过艺术形式表现出来,或者说用艺术语言来表达其意。如建筑,把尖顶改为圆顶,把垂直线条转变成水平线条等。如绘画,把人物形象画得很美,很欢悦,不同于中世纪绘画那样,把人物画得瘦骨嶙峋,愁眉苦脸。如著名画家拉斐尔的《西斯丁圣母》,把圣母画得很美,把圣婴绘成一个很可爱的孩子形象。又用绘画语言批判或鞭挞禁欲主义、社会反动势力,如著名画家达·芬奇的《最后的晚餐》,把犹大画成面部灰暗、表情恐惧的形象等等。

意大利佛罗伦萨,称得上是文艺复兴的发祥地和大本营,这里有许多优秀的文艺复兴建筑作品。如圣玛利亚主教堂、育婴院、伯齐小教堂以及许多府邸等。除了佛罗伦萨,罗马、威尼斯、维晋察等地,也有不少优秀的文艺复兴建筑作品。

三

佛罗伦萨的圣玛利亚主教堂,称得上是意大利文艺复兴建筑的代表作,甚至可以说是文艺复兴的象征，见图 3-1。这座建筑始建于公元 1296 年，后来历经多次修建。文艺复兴前夕，这是一座比较典型的意大利中世纪哥特式教堂。教堂前有一个高高的具有强烈垂直线条的钟楼。教堂的主体是一个长方形的大厅，用尖拱结构，后部为祭坛。15 世纪初文艺复兴运动开始，当时决定在这座教堂的祭坛之前建造一个大厅，并且要求表现出人文主义特征，反映新的时代精神。这个任务便落到了意大利著名建筑师伯鲁乃列斯基的肩上。公元 1420 年，建筑设计完成了，它是用一个高大的圆穹顶为教堂建筑的主体，圆穹顶的下部 4 面，其中 3 面是用 1/4 的圆球体与大厅连接；原来的教堂大厅接在另一面。教堂的正立面

图 3-1 圣玛利亚主教堂

保持不变。这个方案通过后便立即施工，前后总共花了 14 年的时间建成。这个圆穹顶体量巨大，内径达 42m，高 30 多 m。穹顶下面设一个高 12m 的八角形鼓座。这个鼓座的设置，一是为了结构上的需要（克服水平推力），二是这样做使圆穹顶更显得高耸，设计者希望全城都能看到它。圆穹顶采用 8 个大肋和 16 个小肋相配合的拱肋系统，形成一个多瓣形的圆穹顶形状。这个顶用的是双层结构，有内顶和外顶。人还能在这两层屋顶之间上上下下，可以到顶上去眺望。

这个高大的圆穹顶相当醒目，形成全佛罗伦萨的"中心"。人们形容它是意大利文艺复兴的"春讯"。中世纪时宗教统治很强烈的时代，宣扬人的罪恶性，所谓"原罪"，人是苦难的，所以要提倡禁欲。随着社会的进步，人们渐渐认识到，人需要自己解放自己；世界本来应该是美好的、光明的。这种人文主义的观念表现在建筑上，主要是通过大圆穹顶表现出来的，它不采用中世纪高直建筑形式，而是用古罗马穹隆顶形式。这个圆穹顶的色彩也很动人，屋顶用红色瓦、白色拱肋，鼓座也是白色的，鼓座上的大圆窗深凹，形成暗部，产生强烈的明暗对比。因此，这座建筑，无论形状、明暗和色彩等，做得都很有人文主义特色。当这个巨大的圆穹顶完工时，佛罗伦萨全城一片欢腾。后来这里下了一场大雷雨，雨后这座大教堂安然无恙，离地达 107m 的大圆顶丝毫无损。人们欣喜地说："它没有被雷击坏，因为上帝也喜欢这个形象。"

四

位于佛罗伦萨的育婴院（又叫弃婴院），建于公元 1421~1445 年，是意大利文艺复兴初期的代表作之一。设计者也是伯鲁乃列斯基。育婴院是收容弃婴的慈善机构，这种机构在中世纪已有。这座建筑坐落在受胎告知教堂正门前面，15 世纪初修建的广场旁边。这个建筑采用沿方形院落周边建造的方式，用轻快的圆拱廊环绕院子。这个空间处理层次分明，条理清晰，表现出一种既有人情味，又有理性精神的形态特征。从育婴院的外表看，这种形象体现的正是育婴院的主题所在。在

面对广场的一面，用露天深敞廊形式。这种形式可追溯到古希腊、罗马时代。当时在广场上建造深敞廊，作为陈列馆空间，供群众集会、节日庆典及美术作品展览之用。设计者使用圆拱形柱廊，意象出古罗马时代的人文风貌，使空间更有情态美。这座建筑有两点值得注意：一是宗教的世俗性，即慈善性；二是建筑形式由封闭转变为开敞，并且建筑外形由垂直线条转变为水平线条（主线条）。如檐部、拱廊等，都构成建筑的强烈的水平线条。

五

伯齐小教堂，建于公元1429~1446年。这座建筑平面呈矩形，集中式的教堂建筑形式，似有某种东方风格。此建筑也由伯鲁乃列斯基设计。建筑规模不大，中央大厅顶上用穹隆顶，直径10.9m，左右各有一段筒形拱。建筑的正面有门廊，前面用六根科林斯式柱，正中跨度较大，上面做出半圆拱。这座建筑的立面形象富有层次感，虚实得体。

第二节 意大利文艺复兴的府邸

一

意大利文艺复兴的建筑美学，其重心放在人文主义思想上，因此当地也很重视府邸的建筑。当时在佛罗伦萨、罗马及维琴察等地建造起许多重要的具有艺术文化价值的府邸。

潘道芬尼府邸，见图3-2，在佛罗伦萨，公元1527年建成，设计者是画家兼建筑师拉斐尔。这个府邸由两个院落组成，空间布局紧凑，尺度宜人，外立面做得温馨文秀，表现出文艺复兴思想真谛。墙面用粉刷，在墙角处用隅石，既起到坚固墙体的作用，又是一种装饰。窗框形式丰富而有变化，但在整体上又很统一。

美狄奇府邸，又名吕卡第府邸，在佛罗伦萨，建成于公元1460年，设计者是著名建筑师米开罗佐。图3-3是美狄奇府邸的外形。这座建筑的平面近似正方形，

图3-2 潘道芬尼府邸

图3-3 美狄奇府邸

分为两部分：一是环绕着带拱券柱的正方形回廊的内院是家族起居生活的中心。主要活动在二楼，后面有一个开敞的庭院兼作服务性后院；另外，与主要轴线平行地环绕着一个较小的天井的是随从和对外商务联系的部分。建筑立面用两条水平带分为三段。顶部檐口宽大厚重，出挑2.5m。其宽度为整个立面高度的1/8，与古典柱式的比例一样。立面三段处理各不相同，底层用庄重的剁斧石，二层用平整的条石，留缝较宽，第三层是磨石对缝处理。利用墙面的各种肌理效果，来增强三段式的效果，从下至上的质感变化，符合自然的感觉，或者说使建筑增加稳定性。

在这个府邸中，有美狄奇家族的墓室，由米开朗琪罗设计。在这座家庙内，设计者做了一组4个雕像，用以象征昼、夜、晨、暮。这是米开朗琪罗在其家乡佛罗伦萨被法军与教皇军队攻陷后所作。它们寄寓了作者对罪恶现实的不满和亡国之痛。尤其是《夜》这一雕像，充分体现了作者忧国忧民、痛苦失望的思想感情。当《夜》这个雕像完成后，雕刻家的朋友乔瓦尼·斯特洛茨依为他那高超的技艺之下所出现的、仿佛具有生命的石像而惊叹不已，因此写诗进行赞美，其中有两句诗："她睡着，但她具有生命火焰，只要你叫她醒来，她将与你说话。"米开朗琪罗也有很高的文学修养，他也写诗作答，这首诗充分体现了《夜》的艺术构思：

"睡眠是甜蜜的，

　成为顽石更幸福，

　只要世上还有罪恶与耻辱，

　不见不闻、无知无觉，于我是最大的欢乐。

　不要惊醒我，啊，讲得轻些吧！"

二

除了佛罗伦萨，意大利文艺复兴的府邸别墅在罗马等地也有许多作品。罗马的文艺复兴府邸，以麦西米府邸为代表。麦西米府邸由著名建筑师帕鲁齐设计，建成于1535年。这座建筑位于街道转角的一块不规则的地形上，立面外墙在转角处呈弧形，如图3-4。从平面布局来说，此府邸由两部分组成，沿中轴线大致平衡，每一部分各有一个内院。左边安杰洛·麦西米府邸，面积稍大；右边皮埃特洛·麦西米府邸，面积略小。在帕鲁齐的精心设计下，整个立面显得富有人情味，底层中央入口处的柱廊有着很好看的节奏感。

三

维晋察是一座意大利北部的著名城市，文艺复兴时期这里有一座著名别墅——圆厅别墅，见图3-5。此建

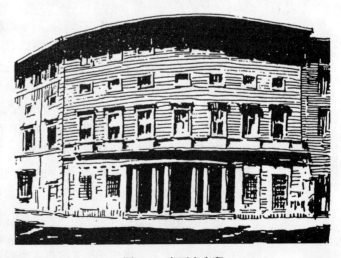

图3-4　麦西米府邸

筑建成于公元1552年，由帕拉第奥设计。此建筑位于一块高坡地上，集中式布局，平面正方形，中央是一个圆形大厅，四周空间完全对称。这座建筑4个立面相同。建筑物高高在上，四面均有同样的大台阶通向户外。在门口做门廊，用6根爱奥尼柱托着上端的山花。建筑简洁大方，各部分比例匀称，构图严谨。这个门廊空间，成为室内外的过渡空间。门廊能使建筑的内部空间过渡到户外花园有和谐感，不觉得生硬。

图3-5　圆厅别墅

第三节　意大利文艺复兴的重要建筑

一

除了府邸别墅以外，意大利文艺复兴时期还有许多重要的建筑，在此举例分析。

罗马卡必多山上的建筑群。这里是市政广场。这个广场成梯形平面，前部狭，后部宽。广场前部有大阶梯通向山下，这个阶梯也做成梯形，上宽下窄。设计者米开朗琪罗用了透视错觉的手法，使中间的主体建筑（元老院）显得更为高大雄伟，如图3-6所示。广场两边是档案馆（南）和博物馆（北）。所谓透视错觉，是指人站在广场口（西端）看这三座建筑，好像两边的建筑是互相平行的，从而对中间的建筑产生了距离上的错觉（推远了，所以误以为高大了）。其实这也是一种建筑造型处理的手法。

二

维晋察的巴西利卡。所谓巴西利卡，本来是指长方形大厅，在罗马时期就有了，用来集会、议事，也作为法庭，后来市政厅一类的建筑也做成这种形式。这座建筑原是建于公元1444年的哥特式大厅，到了1546年，帕拉第奥向维晋察市议会递交市政厅的改建方案，经过一段波折，于1549年才讨论此方案。但后来又拖了十几年，直到公元1617年建成。

在建筑中常被提到的"帕拉第奥母题"，就是指这一建筑形象，它指的是由两根小柱子支撑的拱形洞口两侧有两个更狭窄的分隔空间，所有这些又被用来支撑柱楣的两根大柱子夹着。这座建筑上下两层，都用这个"母题"手法。在这里，每层的拱肩上都开有圆形孔；每个角架间外侧的角柱都是成双的，因此建筑的四角由于这样的由三根柱子组成的束柱的存在，被大大地强调了，图3-7是它的局部立面。这种手法后来在许多建筑中被应用了。

三

威尼斯的文艺复兴运动也开展得轰轰烈烈，当时有威尼斯画派，如乔凡尼、提香、丁托列托等，他们的作品充满着人文主义和抒情味。威尼斯的建筑也同样动人。

第三节　意大利文艺复兴的重要建筑

图 3-7　维晋察巴西利卡立面局部

图 3-6　卡必多山上的建筑群

最著名的要算圣马可广场的一些建筑了。

圣马可广场的主体建筑是圣马可教堂。此教堂建于公元 11 世纪，东欧拜占庭风格。后来在广场的两侧建造市政厅，广场之北先建，称旧市政厅，广场之南后建，称新市政厅；在广场的东南角建有钟塔，此塔高近百米；在钟塔的东南面，又是一个广场；圣马可教堂之南为总督府；对面是图书馆。图 3-8 是圣马可广场及钟楼。

四

意大利文艺复兴建筑中规模最大的一座建筑是罗马的圣彼得大教堂，见图 3-9。圣彼得是耶稣十二门徒中的第一门徒。相传彼得原来是个渔民，他与父亲西门·约拿以及弟弟安德烈（也是耶稣十二门徒之一）捕鱼为生，过着清苦的生活。后来他和弟弟一起跟随耶稣。耶稣殉难后，他和其他门徒在耶路撒冷建立教会，然后去罗马等地传教，后来终于被捕。临刑前，他表明自己是耶稣的门徒，不配与耶稣受同样的刑，于是就被倒钉十字架就义。由于圣彼得开辟了罗马教区，所以后来罗马教皇都称自己是圣彼得的继承人，在圣彼得的墓地上，便建造起一座教堂，即圣彼得大教堂。

这座教堂始建于 4 世纪，当时的建筑规模不大，是一个早期的基督教式的建筑。16 世纪初，教皇尤利亚二世想在死后也葬在这个教堂里，并要改建成一个规模宏大的教堂，以抬高自己的身价。于是教廷便决定改建教堂，建造规模要超过古罗马的万神庙。

开始时这座教堂的设计者是著名建筑师伯拉孟特，他出于人文主义思想，将建筑平面设计成希腊十字式，中央一个大厅，四面以同样形状和大小的小厅延伸出来，形成较强的宗教性和纪念性气氛，但这一方案与天主教仪式和空间精神不相符

图 3-8 圣马可广场及钟楼

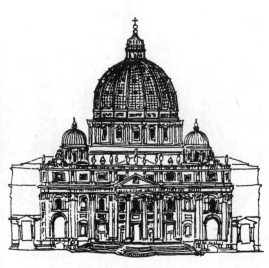
图 3-9 圣彼得大教堂

合,因此后来便改成拉丁十字式平面,即一翼特别长,形成一个长长的大厅,这不但符合天主教的仪式要求,而且更象征了中世纪精神,但后来由于内外矛盾加剧,所以工程停顿下来,直到 1547 年,教皇派米开朗琪罗设计,并主持这一工程。米开朗琪罗抱着使古希腊和古罗马建筑在这个建筑面前"黯然失色"的宏大理想来创作这个教堂。他做的方案也是希腊十字式的平面,后来便照此方案来建造。

圣彼得大教堂规模宏大,高达 138m,圆穹顶直径 42m。在大圆穹顶的四角,各设一个小圆穹顶,与大圆穹顶产生大小对比,互相呼应,非常和谐。圆穹顶下设一圈双柱廊,使形象产生虚实、曲直的对比,而且与下部的门窗、山花柱廊等关系协调。这座建筑形象既庄重又动人,表现出文艺复兴的思想性和艺术性。

17 世纪初,随着文艺复兴运动的式微和天主教会复辟时期的开始,这座建筑的命运也受到了影响。代表保守势力的耶稣会,决定拆去正面门廊,改成一个长长的大厅,部分地恢复了拉丁十字平面形状。这样,人们要在广场的很远处才能看到教堂上部的大圆穹顶,而且在立面上用壁柱等装饰,使形象过于繁琐,构图也杂乱。

第四节 巴洛克建筑

一

巴洛克,Baroque,其本意为畸形的珍珠,引伸为高贵、富丽。巴洛克在文化艺术上形成一种风格,大概的意思是把文艺复兴发展起来的绘画、雕刻、建筑以及音乐等进行变异,变得更华美、壮丽。在绘画上,有佛兰德尔画家鲁本斯的许多作品,色彩艳丽,造型奇特,动感强烈,并且多用曲线,如《掠夺留西巴的女儿们》、《苏珊娜·佛尔曼》等。在音乐上,其特点是音量宏大,风格庄重,代表者有巴赫、亨德尔等。

巴洛克建筑的特点:多用对称构图,形象庄重而富丽,多利用阴影,使形象强烈;利用曲线,使形态具有动感;多用雕塑、装饰,使气氛活跃,还喜欢标新立异,主张新奇,追求前所未有的形式;他们还提倡到郊外去建造别墅,倾向与自然结合。意大利罗马的耶稣会堂,建成于公元 1602 年,由维尼奥拉与泡达设计,被认为是第一个巴洛克建筑。

位于罗马的圣卡罗教堂是一座典型的巴洛克建筑,建成于公元 1667 年,由著名建筑师波罗米尼设计,见图 3-10。这座建筑的平面是个变了形的希腊十字。墙面几乎都不是平直的,而是弯曲的。圣卡罗教堂的正立面很奇特,二层檐部是弯曲的,窗也是曲的。在正中上方有一个椭圆形的装饰物,其上面还设有好多雕刻物,这些形状都是曲线形或曲面形。墙面的立体式的扭曲,给人一种运动之感。在这里,既没有哥特式的空灵遁世精神,也没有文艺复兴的理性之感,而是世俗、浮夸、炫耀财富,显示着人间天堂的富贵荣华。这座建筑,表现了意大利巴洛克(风格)走向盛期。

二

位于威尼斯的圣玛利亚·沙露教堂,建成于公元 1656 年,也是一座典型的巴洛克风格的建筑。此建筑平面为正八边形,集中式布局,正立面用柱式构图,中间一个大半圆拱门,两边各有 2 根科林斯柱,高度达两层。檐部的上方是一个小小的山花,两边还以罗马式柱头收头。顶上有好几个雕像,以加强立面上的中心感和对称效果。教堂的顶是一个巨大的半球形的穹隆顶,简洁,但又有充实感,它与下部的连接是通过一个鼓座来完成的,所以看上去十分协调。下部八角形墙体的转角处,装饰着 8 个巨大的卷涡,可谓处理大胆。也许只有巴洛克建筑才敢于如此处理。但这 8 个卷涡并不只起装饰作用,而是有结构支撑作用的。所以并非可有可无。穹隆顶的顶部,用一个小亭子作结。亭子的顶部也是一个小穹隆顶,这就使形体

图 3-10 圣卡罗教堂

有和谐感。这种处理在以后的古典主义建筑上多有仿效。这座建筑美丽动人，它位于威尼斯大运河河畔，与其北面的总督府隔水相望，无论是在岸上还是荡舟于水面上，都能欣赏到这座建筑的美妙形态。

三

罗马的康帕泰利圣玛利亚教堂也是一座典型的巴洛克建筑。此建筑由赖纳第设计，建成于公元1667年，属巴洛克盛期作品，见图3-11。这座建筑的立面形式强调对称，也强调建筑形象的力度，所以在建筑上有好多凹凸，产生阴影，增强其力度。另外，这种线条也使建筑具有运动感，因为它的形体前后关系强烈，即立体感明显。因此，这种建筑形象会产生"步移景异"的视觉运动感。这也正是巴洛克建筑的一个典型特征。从立面构图看来，

图3-11 康帕泰利圣玛利亚教堂

它基本上与圣卡洛教堂一样；所不同的是康帕泰利圣玛利亚教堂以直线为主，圣卡罗教堂则有较多的曲线。

四

位于罗马的波波洛广场，也是巴洛克风格的。此广场的规划、设计者是法拉第亚。此广场建于17世纪，位于罗马城的北门内，相传是为了要形成由此可以通向全罗马的幻觉，所以就将广场设计成为三条放射形大道的出发点。广场呈长圆形，有明显的主次轴，中央有方尖碑。位于放射形大道之间建有一对形象相似的教堂，这就更突出了广场的中心特征。

五

位于罗马的特列维喷泉，也属巴洛克风格。这是罗马城著名的喷泉之一。此喷泉最早仅是一个供水口，后来废置了近千年，公元1485年重新启用。18世纪时决定重修，公元1732年沙尔维设计了大理石的喷泉方案，赢得了设计竞赛，30年以后建成。沙尔维的喷泉设计是一个晚期巴洛克作品，意大利巴洛克艺术的特征之一是建筑要素同雕塑相结合，用建筑艺术手法设计开敞的广场空间。建筑师很喜欢用这种手法设计装饰性喷泉，特列维喷泉以一个建筑立面作为雕塑的背景。立面分两层，柱子贯通上下，所有细部线脚一应俱全，表现了典型的巴洛克建筑风格。立面的壁龛内和檐部顶上都有雕像，中央壁龛特别宽而高，也特别深，内置海神雕像。雕像前是一片高低不平的粗石，泉水从中流出，形成一片片小瀑布。

第五节 法国古典主义建筑的美

一

18世纪,古典主义在欧洲盛行,特别是在法国,当时由于国力强盛,号称"太阳王"的路易十四强调文化艺术要表现政权的强大,所以无论是在建筑、绘画、文学、戏剧等方面,都强调古典主义。由于要强调与古希腊、古罗马文艺的一脉相承,所以有人又称18世纪的古典主义为新古典主义。古典主义有严格的"清规戒律",例如戏剧,要遵循"三一律"(一出戏,只有一个情节,剧情只能发生在一个地方,时间不得超过一昼夜)。建筑上也有类似的情形,如古典柱式的应用,必须严格规范,形体的比例也很严格,如巴黎卢佛尔宫的东立面,就是遵循古典主义建筑形式的一个典型的例子。

二

巴黎的卢佛尔宫,早在16世纪就已经开始建造了,公元1878年基本建成。这座宫殿称得上是法兰西最著名的王宫了。卢佛尔宫最早建造的是一个方形的四合院,后来屡经改建、扩建,到了18世纪,规模已相当大了。

卢佛尔宫最典型的古典主义建筑形式就是宫的背立面,即东立面,又称东廊,如图3-12所示。这个立面于公元1667年改建。东立面的形象,作为王室的象征,体现路易十四时期专制王权的强盛。建筑师勒伏等人运用了严谨的古典主义手法,设计出这个规模宏大的建筑。东立面总长172m,高28m,立面采用柱式构图,横分三段,纵分五段,中央及两端突出,强调中轴线对称。下面一层做成基座形式,敦实厚重。中间是12m高的柱廊,圆柱成双排列,贯通二、三层,中央为8柱构图,托起檐部山花。立面构图比例严格,水平、垂直的划分依据一定的比例关系,如垂直向,檐部、柱廊、基座的高度之比为1:3:2,具有明确的几何形。东立面的设计,古朴典雅,庄重大方,具有强烈的纪念性效果,被认为是"体现了古典主义建筑理性之美",成为18、19世纪西方官方、皇宫建筑的典范。

三

法国古典主义建筑的另一个代表作是维康府邸,此建筑建成于公元1660年。这个府邸的主人是路易十四的财政大臣福克,设计者也是勒伏。建筑前面的花园严谨地依着同一轴线对称布局。前者以一椭圆形的沙龙(客厅)为中心,两旁是连列厅,建筑外形与内部空间呼应,中央是一个椭圆形的穹隆顶,两端是法国建筑特有

图3-12 卢佛尔宫东立面

的形式：梯形屋顶方穹窿，花园的道路分布、绿化配置及水池、亭台等，都是几何形的。

相传维康府邸建成后不久，路易十四来维康府邸参加舞会，看见如此美丽动人的花园和建筑，十分羡慕，但又很妒嫉，于是他抽调设计建造府邸及花园的建筑师和匠人去设计建造他的凡尔赛宫，并以种种罪名强加于这位财政大臣福克的头上，还将这个府邸和花园没收。但是，最终福克夫人想方设法，终于收回了这个府邸、花园。维康府邸如今完好地保存着。

四

位于巴黎的恩瓦立德教堂，也叫荣誉军人教堂、圣路易教堂。此建筑建成于公元1706年，由著名建筑师孟莎设计。这虽是一座教堂，但也称得上是一座纪念性建筑，设计者大胆地突出它的纪念性形态，供人们瞻仰。他将新的教堂接在老教堂巴西利卡大厅的南端，以正面向南，对着城市广场和林荫道。教堂平面为正方形，中央大厅是一个希腊十字形的空间，四个角上各有一个圆形的祈祷室。大厅上方覆盖有圆形穹窿顶，穹窿分3层，构思甚巧妙；第一层穹窿顶正中开有一个直径16m的大圆洞，透过这个圆洞，可以看到第二层穹窿顶上绘的壁画；第二层穹窿顶在底部周边开窗，深入的光线将画面照亮，这是古罗马万神庙穹窿顶圆洞与意大利巴洛克教堂天顶画的综合。整座建筑，可以看作是个方圆几何体的组合，上部圆形穹窿顶，下部为方块。教堂立面造型简洁有力，突出柱式垂直性，产生向上的动势，与穹窿顶的双肋相呼应。外部穹窿顶高100多m，表面贴金。教堂大厅下面是拿破仑一世的墓。

恩瓦立德教堂是法国古典建筑的优秀设计之一，它吸取了巴洛克建筑强调体积、重视垂直表现、灵活多变的手法，避免了混乱、夸张、繁琐装饰；同时体现了帕拉第奥古典风格的庄严、明朗、和谐，这些也是法国17—18世纪建筑的特征。

五

位于巴黎西南的凡尔赛，本来是路易十三的一处猎庄，从17世纪60年代开始，路易十四便在这里建造庞大的宫殿、花园，即凡尔赛宫。他先后召集了建筑师勒伏、孟莎，室内设计师勒勃亨，园林设计师勒诺特共同承担新宫的设计。按照路易十四的旨意，保留了旧猎庄———一个向东敞开的三合院，后成为"大理石院"，以此作为新宫的中心，向四面延伸扩建，形成一个朝东敞开的阶梯状连列庭院，南北两翼长达575m的巨大建筑物。图3-13就是凡尔赛宫中的主要建筑。新宫布局很复杂：南翼是王子、亲王的寝宫；北翼为宫廷王公大臣办事机构及教堂、剧院等；中央大理石院是法国封建专制统治的心脏。

建筑物几乎全部用石材筑成，立面装饰着古典柱式，突出水平线脚，统一、匀称，体现了古典风格。内部装修十分富丽，采用巴洛克手法。中央部分布置了宽阔的连列厅和堂皇的大理石阶梯。最有名的是"镜廊"，举行重大仪典之用。"镜廊"长76m，一侧开窗，一侧的墙面上安装17面大镜子，用各色大理石贴墙面，装饰着科林斯壁柱，绿色大理石柱身，铸铜镀金柱头、柱础，柱头雕饰为带双翼的太阳，拱顶上的壁画为国王史迹图，金碧辉煌。

宫殿西立面对着著名的凡尔赛花园，花园面积约6.7km²，是世界上最大的皇家

第五节 法国古典主义建筑的美

图 3-13 凡尔赛宫主体建筑

园林,也是欧洲规则式园林的杰出典范。花园和宫殿一体设计,轴线长达 3km,是建筑中轴线的延伸。图 3-14 是凡尔赛总平面。凡尔赛花园掘有十字水渠,周围布置着草坪、道路、花坛等,两侧有大片密林。在道路、水池的尽端或交叉点上,均设有雕像、喷泉,作为景点。

六

公元 1723 年,法国路易十四的曾孙路易十五,年仅 5 岁就做皇帝,由奥尔良公爵摄政。路易十五亲政后,却不思进取,昏庸、无能、骄奢淫逸,沉溺于凡尔赛宫中,过着奢靡的生活。他甚至无耻地说,他这一辈子已经足够了,"死了以后管它洪水滔天"。当时许多新税不断加征,人民负担更加沉重,加上对外政策屡屡失败,到了 18 世纪下半叶,法国已渐渐失去了欧洲强国的地位。后来便爆发了法国大革命,路易十六被送上断头台。

在建筑方面,法国古典主义以后,也便走向另一种风格,即洛可可风格。所谓洛可可(Rococo),这是个音译之词。"洛可可",是从"洛卡伊尔"一词派生出来的,原意是指用贝壳形象作为装饰图案。这种风格最初出现在室内装饰、工艺美术、家具和绘画上,产生于 18 世纪 20 年代。在建筑上,多表现在室内装饰上。

洛可可风格就是路易十五所喜欢的那种软绵绵的适合于享乐生活的艺术风格,后来这种风格又被称为路易十五式。不但在建筑和工艺美术上出现洛可可风格,而且也在雕塑、绘画、

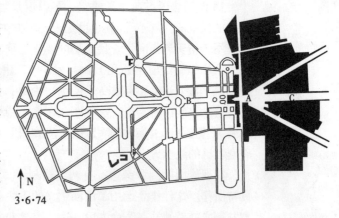

图 3-14 凡尔赛总平面

文学、音乐以及哲学上出现。在雕塑上，如柯斯弗可斯的《狄安娜》，库斯图的《马尔勒之马》、鲁兰的《太阳之马》等。在绘画上，如布歇的《浴后》，佛拉哥纳的《秋千》、《少女》等。

洛可可风格的设计手法是在巴洛克风格的基础上演变而来的，其主要特征是：应用明快的色彩和细腻的装饰，但不像巴洛克那样有强烈的光影效果和动态感；在洛可可的装饰中，还常用不对称的构图，大量使用弧线，如用旋涡形等作为装饰图案，顶棚和墙面常用曲面相连；在色彩上，喜欢用黄、粉红、浅绿等，并由白色相间。

在建筑上洛可可风格的典型例子是南锡中心广场。南锡是法国东部墨尔特—摩泽尔省会，其北部为中世纪老区，南部为16世纪新建。公元1759年建造新的城市中心，即南锡中心广场。

18世纪以后建造的法国城市广场，不再用建筑环绕的封闭形式，而是采用更丰富多变的空间造型，南锡中心广场就是其中最成功的一例。这个广场其实是在一条全长达450m的南北向轴线上连起来的一系列的广场群。北端为一长方形广场，称政府广场；它的北面是主体建筑政府大厦，两端伸出半圆形透空柱廊，透过柱廊，可以望见广场外大片绿地，视野开敞；中间是一狭长的跑马广场，两侧是两层的楼房，长约200m。为了打破单调沉闷的感觉，故在建筑前植树，形成一条绿荫长廊；跑马广场尽端是一座凯旋门，为纪念路易十五而建；穿过凯旋门，进入一个更狭窄的空间——桥；最后是斯丹尼斯拉广场，又叫路易十五广场。宽105m，长120m，四角开敞，分别装饰着喷泉和铸铁花栅门。铁栅门做得很精美，表面镀金，看上去轻盈玲珑，表现出典型的洛可可风格。广场中央为路易十五铜像。

南锡中心广场是一组封闭式的序列空间，共有3个广场，它们大小、形状、方向各不一样，加上绿化的配置，空间有开有合，不断变化，还有喷泉、雕像、铁栅门、凯旋门等点缀，广场外树木、河流、街景的引入，大大地丰富了广场的景观。

第六节　18、19世纪的欧洲建筑之美

一

18世纪法国古典主义建筑，可以说是当时的代表，也是当时的建筑美的不可动摇的典范或"规范"。到了世纪末，古典主义建筑及其美学，成了"余波"，但仍然有不少精美制作问世。最典型的要算巴黎的雄师凯旋门。

这座凯旋门建于公元1806~1836年，建筑师让·查尔格林。凯旋门坐落在巴黎的明星广场（今改名为戴高乐广场）中央，此建筑的风格是古典主义的，见图3-15。这座凯旋门原为纪念法国军队在奥斯特利茨战役的胜利而建，当时拿破仑给它题名为"光荣属于伟大的军队战士凯旋门"（又称"雄师凯旋门"），但实际上是拿破仑自己的纪念碑。

在凯旋门的门洞旁边，有两组雕刻，其中一组叫"马赛曲"，由著名的雕刻家吕特所作。这件作品运用了浪漫主义的手法：一个带翼的妇女，是象征自由、正义和胜利之神，她站在革命人民一边，引导和号召人民向非正义的敌人冲杀过去。她那张开的羽翼和飞动的衣裙，表现出急速的运动和奔放的革命激情。女神占据整个

浮雕的上半部，仿佛正从人们的头顶疾驶飞过。下面是蜂拥前进的人群。浮雕的上下两部分呼应紧密，女神向前飞跃的形象加强了人群的动势，下面人群的勇敢坚定的形象，回应着女神的热情呼唤。

二

位于英国伦敦的圣保罗大教堂，见图3-16。是英国国家教会的中心教堂。这座建筑由英王室建筑师克里斯托弗·雷恩设计。原来这里的教堂是哥特式的，公元1666年毁于大火。今之教堂建于公元1675~1710年，其间经历了英国资产阶级革命后复辟与反复辟的斗争，教堂的设计和建造也留下了这个时代的印记。

雷恩公元1675年的原设计是一个八角形的集中式平面，由于国王、教会的干预，才改为拉丁十字平面。西立面则被强加以罗马耶稣会建筑形式。公元1688年君主立宪后，雷恩重新设计立面。由于工程进展很快，所以仍保留了拉丁十字平面。圣保罗大教堂是英国最大的教堂，它的纵轴线长156.9m。横轴长69.3m，教堂的西立面采用古典柱式构图，正门为双柱双层柱廊，尺度宜人，庄重简洁。十字交叉的上方，叠立起两层圆形柱廊构成的高鼓座，其上是巨大的穹隆顶。穹隆顶直径34m，离地达111m，规模仅次于罗马的圣彼得大教堂。其平面有严格的几何精确性，结构简单，穹隆顶鼓座及支柱做得精巧，体现了18世纪科学技术的进步。教堂内部空间宏大开阔，装饰简约，反映了古典精神，并且注入英国人讲究功能的传

图3-15 巴黎雄师凯旋门

图3-16 圣保罗大教堂

统。西立面上面的一对钟塔具有哥特式兼巴洛克的手法,但从建筑的整体来说则具有强烈的文艺复兴精神。也可以说英国的文艺复兴比意大利晚。

三

俄罗斯的前身是公元10世纪建立的基辅罗斯,其文化渊源可以追溯到拜占庭。俄罗斯的古建筑,最著名的是位于莫斯科红场边上的华西里·伯拉仁内大教堂。这是一座典型的东正教堂,已如前面所说。另一座重要的建筑是克里姆林宫,此宫的宫墙长达2.3km,有19处塔楼,均建于15世纪末,其中斯巴斯基钟楼的造型最美。

俄罗斯的古典主义建筑,以圣彼得堡的冬宫为代表。冬宫位于圣彼得堡市的涅瓦河畔,北立面正门居中,南立面朝冬宫广场,面对广场中心的亚历山大纪功柱和正前方的总司令部的巨型拱门。图3-17是冬宫,图3-18是冬宫对面的总司令部。冬宫正门在内院,建筑物平面呈环状长方形。此宫建造时间较长,最早建于公元1711年,后来陆续加建扩建,直到18世纪末。冬宫建筑从风格来说是巴洛克兼古典主义。

图3-17 冬宫

图3-18 总司令部

俄罗斯圣彼得堡还有一座重要的建筑是海军部大厦。此建筑建于公元1806~1823年。这座建筑形式属古典主义,但也是俄罗斯传统建筑风格。这座建筑的建成,标志着19世纪俄罗斯建筑走向一个新的阶段,成熟的阶段。此建筑的主体部分如图3-19所示。

海军部大厦建造在一个船厂的旧址上,平面为一巨大的三合院,一面向涅瓦河敞开,正立面朝城市广场。建筑物长达407m,侧面两翼各为163m。正立面处理突破传统的古典式的教条,形成三条轴线。两端各作五段划分,中轴线正中高耸的中央塔楼,高达71m,以形体对比起着统率作用。构图起伏变化,完整而紧凑。塔楼设计很有独创性,由底层厚重的立方体形象,依次递减到轻盈的柱廊、扁平的穹隆、小巧玲珑的八角亭,直到最高的八角尖锥。顶端托着一个形若战船的风向标,象征着俄罗斯海军的威力。塔楼底层券洞两侧、上方及檐部、女儿墙上,分别装饰着浮雕、圆雕等主题性雕刻,进一步加强了建筑的纪念性。

四

19世纪的西方建筑，有人称之为"谢幕戏"。从古希腊、古罗马、中世纪、文艺复兴、巴洛克、古典主义等形式和风格以来，到了这个时候，再也没有新的，只能在以前的形式和风格上"翻版"，推出新古典主义、希腊复兴、罗马复兴、哥特复兴以及折衷主义等建筑形式和风格，重新展现它们的建筑美。这就是一个大的历史阶段——古代行将终结时的必然的文化现象。

德国柏林宫廷剧院，见图3-20，建于公元1821年，被认为是希腊复兴式的。

法国巴黎的圣心教堂（建于公元1877年）以及巴黎歌剧院（建于公元1874年）等，均属折衷主义。图3-21为巴黎歌剧院。

英国伦敦的国会大厦，建于公元1860年，是哥特复兴式的，见图3-22。美国纽约的海关大厦，见图3-23，是希腊复兴式的；美国国会大厦，见图3-24，是罗马复兴式的。

以上说的种种的"复兴"，看起来琳琅满目，令人眼花缭乱，但从文化或美学上来说，它们的价值只有一个，只是表现出旧的历史（古代）即将终结，新的历史（近现代）即将到来。"霜叶红于二月花"，古代与近现代之交的文化和美学，都在建筑上表现出来了。

图3-19　海军大厦局部

图3-20　柏林宫廷剧院

图3-21　巴黎歌剧院

图3-22　英国国会大厦

图3-23　纽约海关大厦

图3-24　美国国会大厦

第四章 中国古代建筑的美

第一节 中国古代美学与建筑的美

一

中国古代对美的研究，早在先秦时期就已经开始了。有人提出"羊大为美"。"美"这个字，就是上面"羊"，下面"大"组成的。这完全是出于功能。也有人把美与人联系起来，人以为美的东西，其他动物不以为美。《庄子》中说："毛嫱、丽姬，人之所美也，鱼见之深入，鸟见之高飞，麋鹿见之决骤。四者孰知天下之正色哉？"这意思就是说，美是相对的，人以为是美的东西，动物未必觉得美。美是相对的，这与古希腊哲学家赫拉克里特的理论如出一辙。他说："比起人来，最美的猴子也还是丑的。"

中国古代美学的基本特征有下述几个：

首先，中国古代美学是以诸艺术门类为中心展开的。诗歌、绘画、音乐、建筑、园林等门类，都有它们的独特的艺术美的特征，从而也就构成它们的独立的门类美学。这种"类"，存在于它们的作品及其理论著作之中。如诗歌，不仅有作品，而且有《诗品》、《原诗》等著述；绘画，有《古画品录》、《笔法记》等；园林有《园冶》等；书法有《书断》等。这许多门类，也有共同的美的规律和法则。如"诗中有画，画中有诗"，"书画同源"等。

其次，各个艺术门类之间，既独立又相容地发展着。上面说的"诗中有画，画中有诗"，说的是这两者不但有共通的含义，同时还有互相包含的关系。如中国古典园林的美学特征，就包含诗、画、雕刻、建筑、书法等。

第三，中国古代美学思想的发展，既稳定又连续。几千年来，是在一个思想体系之下发展着，没有间断，也没有剧变，始终在儒、释、道合一的基本框架下渐渐流变着、丰富着。在这一总的美学思想体系下，有文、野两条线，相互影响但又独立。文者，一指宫廷文艺，一指文人士大夫文艺；野者，多指俚俗或民间文艺。

第四，中国古代美学虽然散入到各个艺术门类和哲学、政治、史学诸领域，但其基本观点，或者说它的法则，却可以纵向地理出来，看出它的统一性。这种基本观点大致有以下这几方面：

(1) 自然美与艺术美的辩证统一，艺术美表述着自然美；

(2) 虚与实的辩证统一；

(3) 形式与内容的辩证统一；

(4) 求风格、气质，不以理性来认识，而是以悟性来意会；

(5) 没有统一的体系性的美学著作，而是通过文学、艺术门类，建立文艺批评,如《文心雕龙》、《原诗》等,还有《老子》、《庄子》、《论语》、《孟子》、《二程全书》、《象山全集》等。

二

中国古代的美学思想,其主体形成于先秦时期。当时无论是哲学思想、美学,还有文化观念,基本上可以分为两大派,一是老、庄的,另一是孔、孟的(有的把荀子的学说独立出来,成为第三派)。

老子的美学思想,重"虚",重"无"。他认为真正的美的对象应当是"无";真正的美的境界应当是"虚"。那些具体的对象(艺术品),都是表面刺激,不是真正的美。"五色令人目盲,五音令人耳聋,五味令人口爽,驰骋畋猎令人心发狂,难得之货令人行妨。是以圣人为腹不为目,故去彼取此。"(十二章)这里的"腹",是内涵,而不是吃得饱的意思。他又说"信言不美,美言不信。善者不辩,辩者不善。"(八十一章)也是这个意思。老子的美学思想,和他的哲学观一样,追求的不是表面的东西,而是深层的,是"道",不是"器"。这种美学思想,影响到后来的道家学说和一些文人们的美学观。

三

庄子的美学思想与老子相近。他的美学思想有两重意义:其一,庄子主张主体必须超脱利害得失的考虑,才能实现对"道"的观照,从而获得"至美至乐"的境界;其二,庄子在许多遗言(如庖丁解牛等)中,关于创造的自由就是审美的境界的论述,在美学史上第一次接触到了美和美感的实质。这二点对于以后的美学发展产生了深远的影响。

四

孔子的美学思想与老庄的美学思想有很大的差别。他认为,美和艺术的境界是"仁"。他一直认为,美和艺术直接与社会政治及人的生活活动关联着。对单个人而论,美的精神是在"善";对社会整体而论,美的精神是在"仁"。"子曰:'兴于《诗》,立于礼,成于乐'。"(《论语·泰伯》)"子谓《韶》:'尽美矣,又尽善也'。谓《武》:'尽美矣,未尽善也'。"(《论语·八佾》)可见,他的美和善是有不同的含义的。

孔子的这种美学思想,侧重在"比德"。"子曰:'智者乐水,仁者乐山,……'"(《论语·雍也》)

孟子继承孔子的儒学思想,加以充实,在美学上也同样。孟子提出:"恻隐之心,仁之端也;羞恶之心,义之端也。"(《孟子·公孙丑章句上》)意思是说,同情之心是仁之萌芽,羞耻之心是义之萌芽,推让之心是礼之萌芽,是非之心是智之萌芽。他又说:"人之有四端也,犹其有四体也;有是四端而自谓不能者,自贼者也;谓其君不能者,贼其君者也。凡有四端于我者,知皆扩而充之矣,若火之始然,泉之始达。苟能充之,足以保四海;苟不充之,不足以事父母。"人之有此四种萌芽,正好比他有四肢。有这四种萌芽,却自己认为不行的人,是自暴自弃的人;认为他的君主不行的人,便是暴弃他的君主者。这四种人,如果晓得把这种思想扩充起来,便会像刚刚烧着的火,刚刚流出的泉水,假若能扩充起来,便足以安定天下;假若不扩充,就连赡养父母也不行。

孔孟的美学思想，认为美总是与善结合在一起的。所以孟子提出"性本善"。美，其实就是人性的外化。

五

中国古代建筑的美学思想，就在古代美学和哲学思想的框架之中。但从建筑形式美来说，没有像西方那样严谨。近代文人章太炎认为，中国古代的美学思想比较"汗漫"，一语中的。这种思想也就在中国建筑的美学思想中表现出来。

《诗经·小雅·斯干》中说："如跂斯翼，如矢斯棘，如鸟斯革，如翚斯飞，君子攸跻。"意思是说：端端正正的房子，如同人一样企立着，房屋整整齐齐，像箭一样排立起来。房屋宽广，其屋檐好像大鸟展翅，华丽得好像锦鸡的翅膀，君子（贵人）在房屋中自由自在地踱着，满心喜欢。这里的"如翚斯飞"，用十分生动的比喻，表现出房屋檐部出挑处椽子排列的形态。

在中国古代，建筑的美与伦理等级关系密切。《论语·公冶长》中说："臧文仲，居蔡，山节藻棁，何如其知也？"意思是说：臧文仲（鲁国的大夫）替一种叫"蔡"的大龟盖了一座房子，有雕刻着像山一样的斗栱和画着藻草的梁上短柱，这个人的聪明得如何？这里的"山节藻棁"，节，是斗栱，棁，是梁上的短柱。藻，即藻草，是指绘有藻彩画的梁柱斗栱。这说明这些建筑形象是有比较高的等级的。

色彩也有等级性，如柱的颜色，据《礼记》中说："楹：天子丹，诸侯黝，大夫苍，士黈。"意思是说，柱的颜色，皇宫中的柱是红色的，诸侯宫中的柱是黑色的，大夫（古代官职，位于卿之下，士之上）的房子，柱的颜色是蓝色的，士（介于大夫与庶民之间的阶层）的房子，柱的颜色是土黄色的。

第二节 宫殿、坛庙建筑的美

一

中国的古建筑，由于大多为木构建筑，所以留存至今的最古的建筑原物，是唐代五台山南禅寺的大殿（公元782年）和佛光寺的大殿（公元857年）。至于宫殿、坛庙之类，留存至今的已是明清时期的建筑了（如北京故宫、太庙、天坛及曲阜孔庙等）。可是，中国的木构建筑的一个重要特征，就是数千年来形制基本不变。据考古研究，北京故宫太和殿的建筑形式，庑殿二重檐屋顶，可以追溯到先秦的殷周时期。这其实也是中国文化的特点：改朝换代，结构不变。唐虞夏商周，秦汉三国晋，宋齐梁陈隋，唐宋元明清。五千年来，其体制基本不变。当然其观念形态和美学思想也基本不变。因此，我们研究中国古代建筑的美，无论是宫殿、坛庙、民居、寺庙、园林等，都可以在留存至今的建筑中来分析研究。当然，这种研究方法，也就有自己的史学和美学上的特点。

二

中国古代的宫殿建筑，我们以北京故宫中的诸建筑来分析。

首先需说北京的历史。先秦时期，这里称"燕"，春秋战国时期这里是燕国之地。据考古发掘知道，燕国的都城分上都和下都，上都在蓟（今北京附近），下都在今河北易县附近。秦始皇统一中国，秦都在咸阳，从此燕都就衰落了。北京的历

第四章 中国古代建筑的美

史,到金代(1115~1234年)又发展起来。金本来在东北松花江一带,后来不断向南扩展,公元1153年,迁都至今之北京,称中都。后来元代又在此建都,即元大都。明初,明太祖朱元璋建都南京,不久明成祖朱棣将都城迁往北京。今之北京,就是从那时开始建设的。

明代北京的宫殿到了清代,基本上原封不动,就成了都城、皇宫。这样,今之北京,就有大量的宫殿、庙宇及其他建筑是明代所建的。

明代北京城的布局,继承了历代都城的规制。皇城部分布局按南京之制,但更为宏丽。整个都城以皇城为中心。皇城前左(东)建太庙,右(西)建社稷坛,并在城外建天坛(南)、地坛(北)、日坛(东)、月坛(西)。皇城北门——玄武门外,每月逢四开市,称内市,以符合"左祖右社,前朝后市"要求。

明清都城北京,可谓主次分明,运用中轴线布局,从外城之南的正中永定门,向北一直到北城墙,中轴线长达8km,其中经过正阳门、天安门、端门、午门、太和门至太和殿、中和殿、保和殿,然后经"后三殿"(乾清宫、交泰殿、坤宁宫),再经钦安殿,至神武门、景山,后面还有钟、鼓楼,然后到北城墙。

三

北京都城的宫殿(这里用的均为清代的名字)以及它的建筑美学思想,我们通过几座典型的建筑来作分析。

太和殿。这是中国古代建筑中等级最高的建筑,庑殿二重檐屋顶是古代建筑中级别最高的形式。屋面上用的是黄色琉璃瓦。黄与皇谐音,是一种意象式的表达。斜脊上的仙人走兽数量达10个,也是所有建筑中最多的。建筑的开间为11开间,也是最多的,别的建筑不能用如此多的开间。这些都表现出皇权至极的思想。这座建筑的美,就在伦理等级。

至于形式美,当然也值得一提。这座建筑在均衡、稳定、比例、尺度等方面,做得也很好。有人以为这座建筑也可以作几何分析,可以用两个圆和一个正三角形作构图分析。建筑的东西两边,都有4个点立于两个圆的圆周上:屋脊上的东、西两正吻,东、西两檐的上檐角,中间檐下"太和殿"匾以及地面上各一点,如图4-1,同时,从两边的地面连接正吻,做一直线相交于正中天际上的一点,则

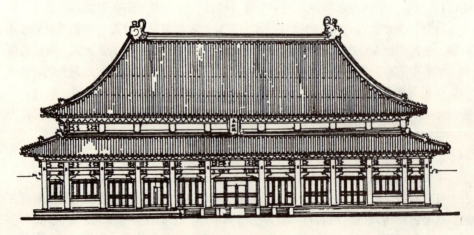

图4-1 太和殿

形成一个正三角形。这种分析当然不假,但未免有些牵强。中国古代与西方古代在文化上的一个最大的不同在于形式逻辑。这种几何分析法,正是形式逻辑的分析方法。

四

坛庙。以天坛祈年殿为例。这是一座平面为圆形的建筑,屋顶为圆攒尖三重檐。从建筑的功能来说,它是皇帝祭天的场所。皇帝每年的正月初一,要来这里祭天,祈求上天,让我们四季平安,风调雨顺,五谷丰登。因此这座建筑的等级很高,而且其中好多做法多与"天"有关。如中间有 4 根大柱,象征一年四季,外周两排柱,各有 12 根,代表 12 个月和 12 个时辰等。平面圆形,即"天圆地方"。屋顶用三重檐,为单数,象征阳,即天。

图 4-2　天坛祈年殿

但天坛祈年殿也可以分析它的形式美,如图 4-2 所示。有人分析其立面,如果将顶点和 3 个屋檐外端,4 个点连起来,便形成左右两个圆弧,左圆弧的圆心,正好落在右圆弧与地面相交的一点。右圆弧的圆心也同样,位于左圆弧与地面相交处。这就是和谐。可是这也是后人研究出来的(与上面说的太和殿的几何分析一样),并不是故意设计成的。这也许就是东、西方两种美学和建筑美学之不同。

五

再说山东曲阜的孔庙。孔庙,有些地方称文庙或夫子庙。山东曲阜是孔子(公元前 551~前 479 年)的故里。孔子名丘,是我国春秋时代的思想家、教育家、儒家学派的创始人。他在鲁国除了兴学、培养弟子,还著书立说,著《春秋》,整理《诗经》、《尚书》等。

曲阜孔庙始建于孔子去世的第二年。当时鲁哀公把孔子生前所居之地立为庙,但那时仅"庙屋三间"。汉高祖十二年(公元前 195 年),刘邦至鲁,第一次用祭天的仪式祭孔。后来汉武帝纳董仲舒之策,"罢黜百家,独尊儒术",对孔子更为尊崇。孔庙的规模后来越来越大,如今孔庙已是一个巨大的建筑群,其中包括三殿一阁、三祠一坛、两庑两堂两斋、十七亭、五十四门等。孔庙四周筑红墙,占地达 327 亩。庙内共有 9 进,贯穿在长达 1km 的中轴线上。前 3 进院落为整个庙宇的"引导",从第 4 进起进入主要殿宇区,由同文门至后寝宫 5 进院落,分左、中、右 3 路,中轴线上有奎文阁、大成殿等高大建筑。

孔庙大门上书"棂星门"三字,两边红墙。第 3 道门圣时门,里面是玉带河,上设 3 桥。然后过弘道门、大中门、同文门,便到奎文阁。阁高 23.35m,面阔 7 间,屋顶三重檐。

奎文阁后是十三御碑亭,然后是大成门,门内有广场,中间是杏坛,为纪念孔子讲学而设。明代隆庆三年（公元1569年）在此建亭。此亭平面方形，屋顶为十字屋脊，上盖黄瓦。

杏坛之北即大成殿，为孔庙的主体建筑。这座建筑面阔9间，进深5间，高32m，东西长54m，南北深34m，屋顶歇山二重檐，上盖黄色琉璃瓦。殿四周28根石柱，前面10根石柱雕有透空蟠龙。

六

坛庙，还要说北京故宫南面的两座建筑。东为太庙（今劳动人民文化宫），西为社稷坛（今中山公园）。这就是中国古代都城形制，即"左祖右社"（我国古代东为左，西为右）。

太庙是古代帝王供祀皇帝祖先的祭祀性建筑。按照古代传统礼制，太庙位于皇宫的东南侧。北京明清的太庙是由前、中、后殿和廊庑等建筑组成，正南为前门，外围设围墙，入内三条道，有御河。中门设三桥，东西两边各有一桥。然后是一门，戟门，门内一个院子，左右为廊庑配殿，院北正中是主体建筑太庙前殿。庙后还有中殿、后殿，最北有后门。

太庙前殿面阔11间，进深4间，屋顶为庑殿二重檐，上铺黄色琉璃瓦，下设3层白石台基。太庙始建于明永乐十八年（公元1420年），嘉靖万历及清乾隆年间曾多次重修。太庙虽经清代重修，但其规制大体还保持原状。清代的太庙为清代皇帝的祖先之庙，而原先这里的明代帝王之牌位，则迁至北京西城区的阜成门内，即历代帝王庙。庙门前有砖砌琉璃瓦歇山顶照壁一座，庙门之内有景德门、碑亭等。以主体建筑景德崇圣殿最为宏丽。此殿面阔9间，绿筒瓦重檐庑殿顶，殿前有汉白玉栏杆。

太庙建筑形制，主殿规格（等级）也如故宫中的太和殿。从中国古代美学观来说，重要的是伦理等级。

第三节 宗教建筑的美

一

中国古代的宗教，到了魏晋南北朝，可谓释、道、儒三教并列。后来到了宋代，则三教走向合流。当时提出"以佛修心，以道养身，以儒治世"。儒教的宗教性最弱，孔子甚至说："天何言哉？四时行焉，百物生焉，……"（《论语·阳货》）意思是说，天说什么？四季运行，百物生长，自然规律而已。他不信鬼神，因此儒教也有人称之为儒学。儒教的建筑，就是上面所说的坛庙之类，或者也有某种纪念性建筑的性质。

二

佛教是外来宗教。汉明帝永平（公元58~75年）时传入中国，最早的佛教寺院（建筑）就是洛阳的白马寺。据《魏书·释老志》及《洛阳伽蓝记》中记载，东汉明帝刘庄夜梦金人，身长六丈，顶有白光，飞绕殿庭，昼问群臣，大臣傅毅说："西方有神，其名曰佛，形如陛下所梦。"明帝就派郎中蔡愔、中郎将秦景等十多人，前往印度寻求佛法。蔡愔、秦景行至大月氏（今阿富汗），遇高僧摄摩腾和竺法兰，于是邀请他们以白马驮载佛经、佛像到汉地传教。永平十年（公元67年）到洛阳，汉明帝亲自接见二高僧，让他们住在鸿胪寺（相当于国宾馆），讲经说法并翻译佛经，后来建寺，便命名"白马"。当时的建筑已不存在了，今之寺内建筑多为明清之物。

佛教作为外来宗教，一到中国，就带来了许多文化艺术内容，如建筑、雕塑、音乐、文学等。当时人们感到十分新奇。那些人物雕像（佛、菩萨、供养人等），是如此具像，在我们的雕塑史上还从来没有过。文学也同样，如梵文，那种结构和韵律很有独到之处，令人大开眼界。音乐更辉煌，诵经之音，那种悦耳动听的声调，人们形容其有"绕梁三日不绝"之妙。佛教建筑，可以归纳为三大类：寺院、塔幢和石窟，就其形式来说也都是新的。"塔"这个字也是后来才创造的（最初译成"浮屠"、"窣堵坡"等）。

不过，佛教一传入中国，便被改造成中国式的佛教，寺院、塔幢、石窟等，也被改造成中国特色的形态。这就叫"化"，化成中国文化。从美学的角度来分析，这就叫符合中国的审美特征。例如佛寺、殿宇的形象与宫殿很相似。它的空间，用中轴线分进布局形态，也与中国的宫殿乃至住宅很相似。佛塔的形式，与中国传统的楼阁形式结合起来，既表现出佛的至高无上，又表现出传统楼阁形式的美学特征。多层楼阁式塔，显得很有人情味，甚至忘记了它是一种遁世的对象。

三

中国的佛塔，形式多样，有木构楼阁式塔，砖构楼阁式塔，石构楼阁式塔，砖构密檐塔，砖构喇嘛塔，金属塔，琉璃塔，墓塔及金刚座宝塔等。

中国的佛塔，构思很巧妙，它把象征佛陀的塔刹放在塔的最上面，而且往往是一座城市的最高处，以象征佛的至高无上。它又把佛的"法物"（舍利子、佛的遗物和经卷等）放在地下，称"地宫"。地上的多层塔身，则让人们上去，一面参拜，一面还可以饱览四周风光，大好河山。这充分表现出中国佛教的观念和美学思想。

佛塔之美，一在教义的表述，二在建筑之形式美。教义的表述，要从佛教的思想说起。佛教不同于某些西方宗教，西方宗教建筑，带有强制性，如哥特式建筑，无论法国、德国、意大利、英国、比利时等，天主教哥特式教堂，其形式大同小异。东正教堂也如此，无论俄罗斯或东欧诸国，也都如此，大同小异而已。佛教建筑则不然，印度的佛教建筑，与中国、日本、朝鲜的佛教建筑形式很不同，也与中南半岛、南洋诸地的很不一样。这就是佛教思想所致。佛教求取的是内在的真谛，不是外在的形式，所谓"四大皆空"，连建筑形式也"入乡随俗"。所以佛塔的形式也就多样。这正是佛教的美学思想之所致。

其次是形式美。中国佛塔形式多样，在这许多形式中，最有代表性的、最美的、最能将佛教与中国文化结合的，要算楼阁式塔了。这种佛塔的形式，可以说世俗多于遁世。但佛教的凡俗观，也正是如此。这种多层楼阁式佛塔的美，在于世俗之情，甚至已经文学化了。如果你观看这种佛塔的造型，或者在塔上凭栏远眺，观看四野景物，你也许会萌发诗情画意的审美意念。

"独自莫凭栏，无限江山。"（李煜：《浪淘沙》）

"独上高楼，望尽天涯路。"（晏殊：《蝶恋花》）

"孤帆远影碧空尽,惟见长江天际流。"(李白:《黄鹤楼送孟浩然之广陵》)如此等,可谓情真意切了。所以楼阁式的佛塔,历经千余年,至今仍为人们所歆羡。

四

道教虽是本土宗教,但先秦时期的道学,如老庄等,不是宗教,而是哲学、思想。中国的道教是东汉末年兴起的,如张道陵的"五斗米道"。然后发展壮大,形成与释、儒并起并坐的"三教"了。

道教建筑称"观"、"宫"、"洞"。洞,即"洞天福地",是山洞,充分与自然结合。宫或观这种形式,其实与寺院或宫殿也很相近,中轴线分进布局。如四川成都的青羊宫,自南至北为:宫门、灵祖殿、玉皇殿、混元殿、八卦亭、三清殿、斗姆殿、唐王殿等,中轴线分进布局。北京的白云观也是这种形式,自南至北为:观门、灵官殿、玉皇殿、老律殿、邱祖殿、四御殿。宫,从道教本义来说是天上神仙居住的场所,又称"帝乡",在那里人可以长生不老,成为神仙。所谓"观",是道教的庙宇,供奉道教之神的地方,如观内的三清殿,就是供奉元始天尊、灵宝天尊、道德天尊的场所。但宫和观性质相近,都属道教的建筑,当然有的也称庙,如城隍庙,也属道教。

第四节 居住建筑的美

一

我国古代居住建筑的美,从审美观来说,不在形式,而首先是社会观念的美,伦理等级的美,其次是民俗文化的观念的美,然后才讲究形式美。

中国古代民居建筑,对等级观念是十分重视的。居住者是什么社会地位,就住什么样的房屋,决不能"逾矩",当然也不甘"落后"。《明史·舆服志》记载:"百官第宅,明初禁官民房屋不许雕刻古帝后圣贤人物,及日月龙凤狻猊麒麟犀象之形。凡官员任满致仕,与见任同。其父祖有官身殁,子孙许居父祖房舍。洪武二十六年定制,官员营造房屋,不许歇山转角,重檐重栱,及绘藻井,惟楼居重檐不禁。公侯前庭七间两厦九架,中堂七间九架,后堂七间七架,门三间五架,用金漆及兽面锡环,家庙三间三架,覆以黑板瓦,脊用花样瓦兽,梁栋斗栱檐桷彩绘饰,门窗枋柱金漆饰,廊庑庖库从屋不得过五间七架。一品二品厅堂五间九架,屋脊用瓦兽,梁栋斗栱檐桷青碧绘饰,门三间五架,绿油兽面锡环。三品至五品厅堂五间七架,屋脊用瓦兽,梁栋檐桷青碧绘饰,门三间三架,黑油锡环。六品至九品厅堂三间七架,梁栋饰以土黄,门一间三架,黑门铁环。"平民百姓再有钱也不能在自己的住屋中用斗栱。有钱人为了炫耀自己的财富,只能在柱上做马腿、花篮栱,在梁枋等处做得精雕细刻也无妨。例如浙江东阳巍山镇的一座住宅(建于清代),在梁柱上做木雕,石材上做石雕,粉墙上绘西湖十景、三国演义之类,把自家的住宅搞得花枝招展、琳琅满目,以示阔绰;但不用斗栱,不施彩画,不绘藻井。以社会等级的表述和财富的炫耀,试图取代建筑形式美。

我国古代民居的许多装饰,用现在的眼光看来,似乎是在追求形式美,但其实形式的出发点却在于上述两个方面,百世不斩。

第四节 居住建筑的美

二

北京四合院，这种建筑形式被认为是我国传统民居的典范，也是其他许多民居的根本。如山西民居、河北民居、东北民居、皖南民居及江南水乡民居等，都是从北京四合院形态中化出来的。为什么会有这种现象呢？首先就在于它的社会功能，它的伦理等级关系。其次是生活方式、习俗之类。它的变与不变的因素，都是如此。

北京四合院，如图4-3，是一种最典型的平面形态。这种住宅形式美在何处？首先是它的社会功能，其次是生活的需求。例如这种住宅是中轴线分进布局。这种格局与宫廷、庙宇、寺观等，出于同一类型。它是内向的，外围的围墙不必开窗。这就是文化形态。

北京四合院的大门，多开在宅的东南角。从表层文化来说，它取东、南二向，即"紫气东来"、"寿比南山"，吉利的，功能是美的（这两个是好朝向），心态上也得到自安。从深层文化来说，大门不开在正中，视线是封闭的。转弯抹角，外面看不到宅内，很有私秘性，所以也有人说："肥水不外流"。

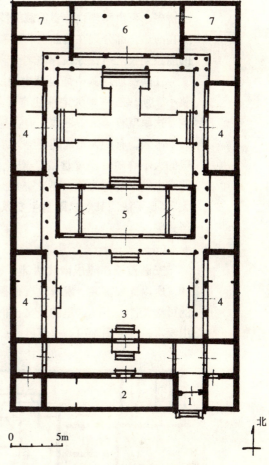

图4-3 北京四合院平面
1—大门；2—倒座；3—垂花门；4—厢房；5—大厅；6—正房；7—耳房

北京四合院的垂花门，江南一带叫"仪门"，此门的功能是礼仪上的。门的上面有许多装饰（多为砖雕），表现的是礼仪内容，或者说宣扬封建礼教。还有一个规矩，有些人是不得进入这个仪门的，只能走旁边的门，这也出于伦理等级。垂花门的南面是一个狭长的小天井，再往南是一排房子，称"倒座"，一般是给仆人居住的，也有储藏室、客房等。总之，级别不高。细玩起来，这种住宅形式正是中国古代居住建筑美学的典范。

三

江南，指的是长江下游、太湖流域，也可以说是如今的"长三角"地区。江南又称江东（长江过了芜湖，向北向东流入东海），又称江左（古时候左即东，所谓"左大海、右高原"），这一带自古物产丰富，经济发达，所谓天时、地利、人和。宋代词人柳永有《望海潮》："东南形胜，三吴都会，钱塘自古繁华。烟柳画桥，风帘翠幕，参差十万人家。……"五代文人韦庄甚至说："未老莫还乡，还乡须断肠。"他是京兆杜陵（今西安）人，到苏州来做官，甚至不想还乡了。如此好的地方，这里的居住建筑当然也很动人。这里的住宅，一方面不能违背伦理等级规范，另一方面也结合地形，所谓水乡，他们的生活离不开水，他们的住宅紧紧地与水结合着。

唐代诗人杜荀鹤有《送人游吴》："君到姑苏见，人家尽枕河。古宫闲地少，水港小桥多。夜市卖菱藕，春船载绮罗。遥知未眠月，乡思在渔歌。""枕河"，把房子盖在河边，部分架在河面上。这真是太浪漫了！夏夜，人们就睡在这里，听着夜行的船只划桨之声，令人神往之至。

江南民居，其格局也是中轴线分进布局。但由于家庭人口多（大家族），地方狭小，所以有许多大宅往往有好几条中轴线，如图4-4所示，这是苏州大儒巷潘宅，这里就有4条中轴线。但这是有必要的，人们出入家宅可以方便一点。宅内的人要出入，有些人不能随便穿过堂屋，特别是堂屋有客人或有什么重大的活动，一般的人不许随便经过堂屋。这时，人们只能走避弄（又称备弄）。有的人是从空间艺术出发来解释为什么要设避弄，说是避弄狭小，先走避弄再到正屋，为"小中见大"，是手法。其实这不是主要原因，民居的建筑美，首先应是功能美，其次才是形式美。

四

安徽被长江隔成南北两部分，长江以南称皖南，这里也由于天时、地利、人和，所以比较富庶。皖南民居是很有特色的。这里有山有水，林木葱郁，有很理想的可居条件，因此这里的人文也很发达。这里的民居形态很有个性，白墙黑瓦，青山绿水，这幅图画可谓美不胜收。从建筑美学来说，这种形象和色调，可以用"入

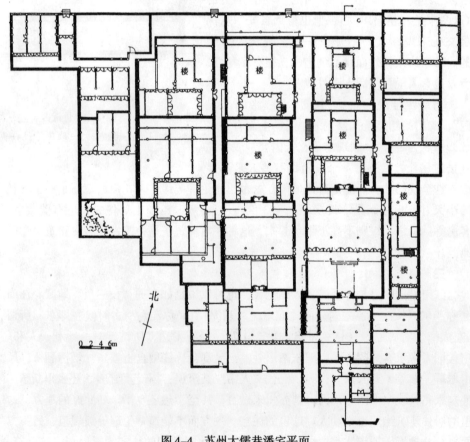

图4-4 苏州大儒巷潘宅平面

画"二字来形容。

然而从美学的更深一层的分析，还有其社会原因和文化原因。住这种房屋的人，多比较富有，他们一方面要把房屋装点得漂亮，但另一方又怕被偷盗，因此尽量做得既简洁又高雅。有的家庭在外墙的内侧还做护墙板，干净而且保温，又比较坚固，不易被贼撬壁洞。有些住宅在外侧墙上写"内有木城，不必费心"等字。

图 4-5 皖南民居中的马头山墙

从形式美来说，皖南民居的马头山墙做得确实很美，如图 4-5 所示，这种马头山墙做得比较平，又高低错落，有人形容这种形态具有韵律感。其实所谓马头山墙，是从硬山做法中夸张出来的。这种墙的形式，本来的功能在于防火，叫风火墙。发生火灾时火势受高高的山墙所阻，难以蔓延到屋子里。但后来也被用来表现家宅的有钱有势，在风火墙上大做文章。同时也出于形式美，表现出地方特色。这就是中国传统的建筑美学的一个特征，形式的美不是孤立的，总是与功能结合在一起的。

五

云南是个多民族的省，这里各民族之间的文化差异都比较大，这种差异表现在民居形态上也许是最明显的了。从建筑美学的角度来说，这种差异是建立在需求上的。他们所在的环境、天文、地理等各方面的条件，形成他们的衣食住行的一系列的习俗，同时也形成他们的爱好和种种观念形态。表现在建筑上，他们认为，符合他们的居住需求的，就是美的。这种美的建筑，他们还带着宗教和伦理的精神不断加以美化，在建筑上添加各种装饰，加强了建筑的美学效果。

位于云南大理一带的白族，他们的建筑的美学特征是明显的。白族的民居，称之为"三坊一照壁"、"四合五天井"。图 4-6 (b) 就是"四合五天井"的格局。所谓四合五天井，其实是北京四合院的一种变形。所谓三坊一照壁，如图 4-6 (a) 所示，这种照壁形式不完全是为了好看，而是有伦理性的。白族民居的这种照壁，多置于正房的对面。照壁分独脚照壁和三叠水照壁两种。独脚照壁又称一字平照壁，壁面等高，不分段，屋顶

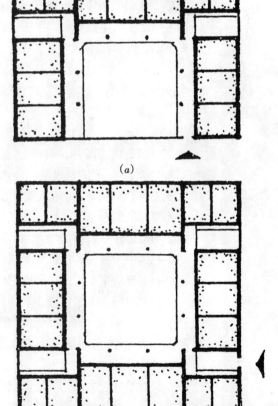

图 4-6 白族民居平面
(a) 三坊一照壁；(b) 四合五天井

为庑殿式,这种照壁须有一定的官品的人家才能用。三叠水照壁直分三段,中间一段较高,两边的较低而且狭。

白族很讲究色彩,他们的服饰,总是色彩鲜艳而又和谐得体。他们常用蓝、白、红、黑等色组合起来,十分好看。这种色组在建筑物上也同样如此,白墙、黑瓦、红柱、蓝边,构成鲜艳而又很和谐的建筑色调。白族生活在云南大理一带,这里风景极佳,有洱海、点苍山。有"洱海四景":"下关风,上关花,苍山雪,洱海月",即"风花雪月"。那碧蓝的洱海,远处是终年白雪皑皑的点苍

图4-7 傣族竹楼

山,近处鲜花盛开,红艳遍地。

云南西南边陲,已是缅、泰边境。西双版纳一带,那里的文化也与缅、泰相近。这也许是由于他们有共同的气候条件、地形条件、自然资源以及互相有交往之故吧。他们的房屋,一般都做成尖尖的屋顶,而且把房子架高成楼(防潮湿),如图4-7所示。多数的傣族民居,在楼上多做有外廊或平台。这种建筑一般是由竹子做成的,所以称傣族竹楼。

第五节 园林建筑的美

一

中国古代的园林,称得上是中国古代艺术的代表之一。中国传统艺术文化有"四大艺术"之称的是唐诗、山水画、京剧和园林。中国园林,产生很早,相传周文王造灵台(见《诗经·大雅·文王》),是我国最早的园林了。当然这是文字的描述,那时的园林早已无踪无影了。中国的园林,是历朝历代渐渐变化发展过来的,到了明清,才达到炉火纯青的境地。

我国的园林大体可以分为三大类:皇家园林、私家园林和寺庙园林。这三大类园林有各自的审美目的,所以它们的形态也有所不同。

皇家园林,在这里以北京颐和园为例来分析。此园早在金代就已经是皇帝的行宫了。到了明代,命名为"好山园",为皇家园林。其中的山叫瓮山,湖叫西湖。到了清康熙时,亦为皇帝行宫。直到乾隆年间,皇帝要为他母亲做六十大寿,于是便在此大兴土木,在瓮山上建造高达九层的大报恩延寿寺,并将瓮山改名为万寿山;又整治并扩大西湖,并改名为昆明湖。整座园林之名,改为"清漪园"。有人说此园有点像杭州西湖,乾隆皇帝则说"略师其意"。其实乾隆皇帝酷爱西湖,颐和园仿西湖,也在情理之中。最为典型的是"西堤六桥",仿杭州西湖中的苏堤六桥。西堤六桥是界湖桥、豳风桥、玉带桥、镜桥、练桥、柳桥。苏堤六桥是跨虹桥、东浦桥、压堤桥、望山桥、锁澜桥、映波桥。

到了1860年，此园被英法联军所毁。1888年，慈禧太后挪用海军经费，重修此园，并改名为"颐和园"。颐和园规模甚大，面积达290hm²，其中¾为水面，陆地中包括平地和山峦。图4-8是颐和园的总平面图。万寿山主峰高60余米。整个园可分为4个景区：朝廷宫室，包括东宫门、仁寿殿和一些居住、供应建筑等；万寿山前山；昆明湖、南湖；万寿山后山和后湖。

朝廷宫室景区在颐和园东部，以建筑物为主。主要有仁寿殿（主殿），是皇帝处理政事、召见群臣之处；乐寿堂是皇帝的居住地；德和楼是大戏台，慈禧太后六十大寿时在此看戏；除此之外，还有其他许多小建筑，各自成院落。

图4-8　颐和园总平面图

第二个景区是万寿山前山，以万寿山上的最高建筑佛香阁为主，也是全园的主景。以这个建筑为中心，有一条南北向的中轴线，南起湖边的"云辉玉宇"牌楼，向北是金碧辉煌的排云门和排云殿，这里是一组建筑，玉华、紫霄、云锦、芳辉四殿列于左右。这里本是大报恩延寿寺的旧址，后来变成为慈禧太后接受百官朝贺之所。在上面建有一高台，壮丽无比，台上建佛香阁，供释迦牟尼佛像。阁平面八角，共四层，顶为攒尖顶。

佛香阁之北是一个藏式寺院：智慧海。然后便属后山景区了。在万寿山前山，还有一些建筑和景区：一是长廊，廊枋檐柱全是彩画，全长728m，堪称世界第一。二是排云殿西侧半山腰上的"画中游"，在此眺望景物，宛如在图画中。其他如听鹂馆、寄澜堂等，也都是较好的眺望景点。颐和园内的石舫（清宴舫），是中西结合的形式。有人认为这个建筑有损于颐和园的整体风格，那些罗马式的拱廊，确实与这里的整体建筑格格不入。

第三景区是后山、后湖，包括苏州街、谐趣园等。在万寿山后湖的对面，有一块狭长的地形，这里造了许多店铺屋宇，茶楼、酒馆、古玩店、书斋，凡江南文雅的市井街巷内容，几乎一应俱全。

在后湖景区，谐趣园称得上是一颗明珠。此园的构思，模仿江南一座名园，即无锡寄畅园。谐趣园在整个颐和园的东北隅，原来这里就有个园，名叫惠山园，也正好与无锡有关。此园从性质上说是皇帝的游乐场所，在此可与群臣玩射覆、投壶等游戏。园内有荷池，环池建有知春亭、知鱼桥、知春堂、兰亭、涵远堂、澄爽斋等，构园紧凑，疏密有致，虚实得体，确实有江南园林之风格特征。

最后是湖区。这里有大小三个湖（昆明湖、南湖、西湖）组成，除了西堤六桥，还有十七孔桥、铜牛、廓如亭、龙王庙等。从总体来说，湖区之景疏朗，所以说全园之景可谓疏密俱全，既有皇家之气，也有自然风韵。

二

私家园林，也可以说是宅园。我国的私家园林，要算江南最多，也最有美学价值。人说"江南园林甲天下",其实这些园林几乎都是私家园林。私家园林中境界最高的当然是文人园。这种园林的布局及构图原则有三:一是"小中见大",划分景区,每区皆构图完整,风格统一,又各有特点。如上海的豫园,五个景区都做到主次分明,虚实得体。二是叠山理水,都有章法,其原则是"虽由人作,宛自天开"。假山主峰,皆取其真意;池水则作出"来龙去脉"的活水,并且遵循"大池有汪洋之感,小池有不尽之意"的原则。三是林木,原则是与山水林木有机结合,变化而又和谐。堂、亭、轩、斋、亭、台、楼、阁以及墙垣、石舫、桥梁等,各不相同,形式多样,但风格统一。

文人园,其主题思想就在于求得人与自然的最理想的关系。这里的建筑,除了实用性之外,更在于表现人的理想的生活。建筑空间通透,与自然连成一体,室内可以操琴奏乐、司棋对弈,或吟诗作画,怡然自得。文人构园,重在情态,情态来自生活的再现。"小桥、流水、人家",时有山石、丛林、亭舍、小径,是江南水乡的田园牧歌式的境界。园林胜过画,它不但是立体的,而且人在画中。优秀的文人园,其景有诗情画意。

苏州拙政园,可谓江南文人园的代表之一。"拙政",取自晋代文人潘岳的《闲居赋》中句:"庶浮云之志,筑室种树,逍遥自得,池沼足以鱼钓,春税足以代耕,灌园鬻蔬,以供朝夕之膳,牧养酤酪,以俟伏腊之费,孝乎唯孝,友于兄弟,此以拙者之政也。"这是文人之自嘲。相传园初建时规模比现在的还大,有"三十一景"。当时大画家文徵明与园主人王献臣是好朋友,他曾为此作记并画图。王献臣的儿子不争气,父亲去世后赌博成性,一夜之间便把偌大的一个拙政园输掉了,成为后人的话柄。明崇祯四年(公元1631年),拙政园东园荒废,被侍郎王心一买去。他也懂造园,叠山理水,建亭造楼,取名"归田园居"。拙政园在清代,变化甚多。曾有一段时间做过朝廷"驻防兵将军府",后来又落入吴三桂的女婿王永宁手中。吴三桂反清失败,拙政园又落入清官府。园景衰败,不如当年。乾隆三年(公元1738年),为清太守蒋棨所有,作了一次大修,园的规模减小了,并改名叫"复园"。直到太平天国,李秀成进驻苏州,改为忠王府。太平天国失败,被巡抚张三万改为八旗奉直会馆,恢复拙政园之名。但园的西部被张履谦割去,取名"补园"。直到解放后,又并入拙政园。

拙政园以水景为主,园分东、中、西三大部分。从园门进去,先是东园,即是王心一的归田园居旧址。这一部分后来衰败荒芜,直到解放后才渐渐恢复旧貌。如今已成为一处开朗、明快的园林。中部(图4-9是拙政园中部和西部的总平面图)乃是园的主体部分,水面占去⅓以上,以池水为中心来构园。临水建有形式不同、布局均有特点的建筑。楼堂亭榭,多集中在园的南侧,北侧多水石林木。中部园区的入口在其东侧,叫东半亭。向西有主体建筑远香堂,堂北有石铺平台,倚水而建。远香堂北有小山,隔池相望,形成对景。在水池的西南,有一似船舫的建筑,即旱船,名"香洲"。

中部还有几组建筑很精彩。枇杷园称得上是"园中园"。若从园内向外看,有林木、山丘、亭台,从圆洞中看去,层次很多,这正如宋代词人欧阳修的《蝶恋花》:"庭院深深深几许,杨柳堆烟,帘幕无重数。……"

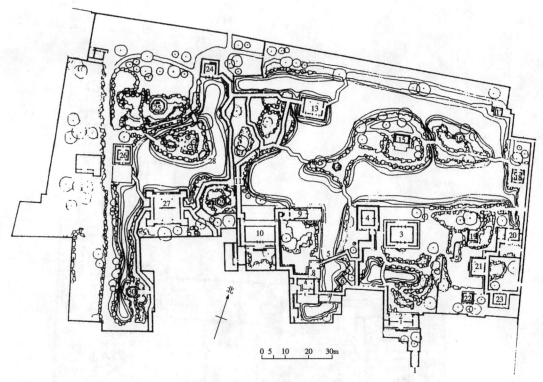

图 4-9 拙政园总平面图

1—园门；2—腰门；3—远香堂；4—倚玉轩；5—小飞虹；6—松风亭；7—小沧浪；8—得真亭；9—香洲；10—玉兰堂；11—别有洞天；12—柳荫路曲；13—见山楼；14—荷风四面亭；15—雪香云蔚亭；16—北山亭；17—绿漪亭；18—梧竹幽居；19—绣绮亭；20—海堂春坞；21—玲珑馆；22—嘉实亭；23—听雨轩；24—倒影楼；25—浮翠阁；26—留听阁；27—三十六鸳鸯馆；28—与谁同坐轩；29—宜两亭；30—塔影亭

枇杷园的东北有一小庭院，即"海棠春坞"。这个庭院中植海棠，建筑前面有廊，令人联想起苏轼的诗《海棠》："东风袅袅泛崇光，香雾空蒙月转廊。只恐夜深花睡去，故烧高烛照红妆。"

三

网师园也是一座名园，我国私家园林中之上品。此园位于苏州市内，它的总平面如图 4-10。从图中可以看出，园与宅形成一体，东宅西园。宅的部分中轴线分进布局，符合中国传统的居住形态；园的部分则自由布局，是人与自然的理想的结合。网师园位于苏州葑门附近的阔家头巷，是宋代史正志的万卷堂故址。清乾隆年间，园主人宋宗元在此造园。后来网师园多有兴衰，如今的园是解放后重修的。

网师园仅九亩地，但精致玲珑，也属名园。网师园总体分三大部分：东部为住宅，中部为园的主体部分，西部为内园。中部是园的主要部分，这一部分的主体是大水池。在大水池之西，缘廊有一亭，叫"月到风来亭"。

网师园中诸建筑，其名皆有来历。园东南的"小山丛桂轩"，取庾信（公元513~581年）《枯树赋》"小山则丛桂留人"。园西南有"蹈和馆"，取自《周易》："履贞蹈和"。园东北有"集虚斋"，取自《庄子》"惟道集虚。虚者，心斋也。"在月到风来亭之南有"濯缨水阁"，取自《孟子·离娄》中的"沧浪之水清兮。可以濯

第四章 中国古代建筑的美

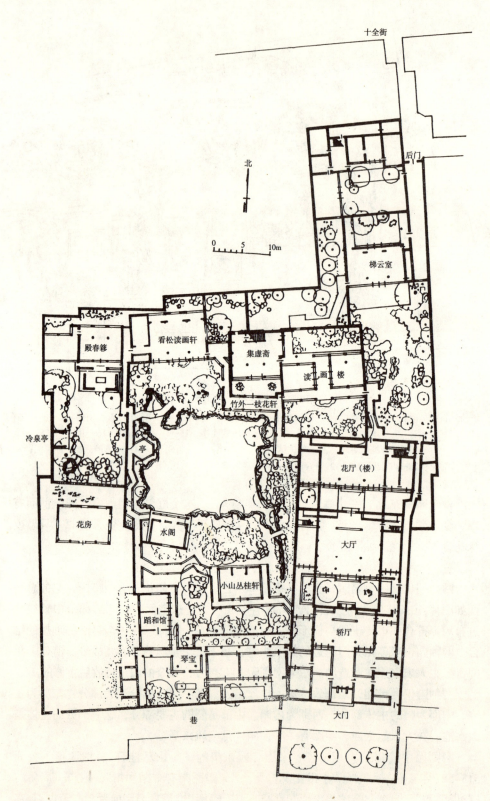

图 4-10 网师园平面

吾缨；沧浪之水浊兮，可以濯吾足。"

网师园的内园，其主体建筑是"殿春簃"，"殿春"意为春末，园内植芍药，春末开花。簃是宅边小屋，是文人的谦称。

四

寺庙园林是一种特殊的园林形态，它与寺庙结合在一起，既表现出园林的形态，又反映出宗教的特征。明清时期的寺庙园林很多，有的寺庙中有园，也有的是寺庙即是园，这两者都反映出这一时期的宗教更走向"自然"和"世俗"。无论是扬州的大明寺、苏州的寒山寺、宁波的天童寺、天台的国清寺、安徽的迎江寺、杭州的黄龙洞（道教）等，都有这种特征。

苏州西园，即苏州戒幢律寺的寺园。后来因为园比寺更为人所知，所以大家就叫此寺为西园寺。西园以放生池为中心，此寺形若蝌蚪，其"头"在南，"尾"在北，并折向东南。池内鱼鳖之类甚多，大部分是佛教信徒放生的。其中五色鲤鱼可与杭州玉泉的相媲美。池中有大鼋，为稀有动物，这是明代所养的老鼋的后代，据说已有三百余岁了。每当天气闷热时会浮上来。

西园放生池四周，环绕亭台厅馆，曲桥回廊，又有林木假山掩映，形成一派秀丽的园景。其中"苏台春满"四面厅为主要建筑，厅前临池盘曲紫藤，形如游龙。水池当中有重檐六角亭，重檐攒尖顶，翼然而立，形成西园主景。此园之艺术价值，不亚于一般的江南私家园林。有诗云："九曲红桥花影浮，西园池水碧如油。劝郎且莫投香饵，好看神鼋自在游。"

浙江天台国清寺内，有一座小巧玲珑的寺庙园林。园中主体即放生池，称"鱼乐国"。池的西侧有一座亭，叫清心亭，图4-11就是国清寺园中的意境。左侧是清心亭，正中后面是安养堂，寺内和尚年迈，就在这里安度晚年。这里的林木葱郁，池水清澈，景观美不胜收。

图4-11　国清寺内放生池

第五章 外国现代早期建筑的美

第一节 现代社会文化与建筑的美

一

按照我国的定义，近代是从公元1840年鸦片战争开始的；现代是从公元1919年"五四"运动开始的。在外国，近代（近世）是从15世纪意大利文艺复兴运动开始的；另一种说法是从17世纪英国资产阶级革命开始的，即我们称之为进入资本主义社会。在建筑上，又有自己的定义。一般说是公元1851年伦敦"水晶宫"（伦敦世界博览会展览馆）的建成，标志着近现代（在英文中近代和现代一样：modern）建筑的开端。这座建筑（1936年毁于火灾），就其性质来说是近现代的，就其材料和工艺来说（用铸铁和玻璃）也是近现代的。

现代社会，从文化来说与古代社会具有完全不同的性质和特征。现代社会（modern society）是工业时代，它的经济特征在于商品化，强调价值、效益。就建筑来说，表面上是形式的不同，实质上则也是在于价值和效益。这种特征，后来被英国芝加哥学派所点破，即提出对功能的强调。这个学派的主要代表沙利文提出："形式服从功能"。

跟随而来的便是美学上的变迁。归纳起来，当时外国近现代美学（包括文艺），有如下这些特征：

(1) 西方近现代美学一般都对美学的根本问题（即关于美的本质特征）不甚感兴趣。他们研究的不是美，而是审美、美感。这是因为他们看到古代美学对于美的研究已基本定型，再也没有什么新的突破了。而从研究的手段来说，理性的研究无论如何只能停留在哲学思辨的层次；而经验的研究，实质上不可能研究美，只能研究审美。随着科学技术的发展，对审美的研究必然会更进一步深入，结合心理的高层次的研究，将会给现代美学提供更广阔的前景。

(2) 西方近现代美学，一方面是以经验主义为基础，在休谟（公元1711~1776年）的经验论美学的基础上，用科学的手段进行深入研究；另一方面则是在康德和黑格尔的哲学性研究的基础上，进一步与社会文化结合，开拓新的领域，如约翰·杜威（公元1859~1952年）的实用主义美学就比较典型。哲学的空谈影响到美学，所以有些现代美学家着力于对社会文化进行研究。

(3) 西方近现代美学，由于它对美的本质特征不甚关注，因此便着重对门类的美学进行研究。这也就是美学体系的重组，由原来的以本质特征进行分类转而以各艺术文化门类进行分类，如绘画美学、建筑美学、音乐美学、雕塑美学、电影美学、文学美学、科技美学等。

(4) 西方近现代美学要比古代美学有更多的理论分支（或说流派），如心理学美学、符号学美学、实用主义美学、心理分析美学、存在主义美学、逻辑实证主义美学等等。

(5) 美学的研究在深度上有所增进。深入细致的研究是在许多基础学科发展的基础上进行的，如生理学和心理学等学科的发展，特别是语言学、符号学、语义学等的进展。

近现代西方美学和艺术的一个很大的特点就在于突出个性。如建筑，美国现代建筑师沙里宁说："唯一使我感到兴趣的就是作为艺术的建筑，这是我所追求的。我希望我的有些房屋会具有不朽的真理。我坦白地承认，我希望在建筑历史中会有我的一个地位。"（转引自同济大学等四校编《外国近现代建筑史》，北京：中国建筑工业出版社，1986年，第293页）这句话十分明显地表述了他的创作目的和他的艺术观、美学观。当然，我们应当肯定作品的个性，如果作品没有个性，特别是在现代，就不可能表现其艺术观和美学观，也难以表达作品的主题思想。

二

伦敦"水晶宫"（Crystal Palace）为伦敦世界博览会而建，公元1851年建成。这座建筑坐落在伦敦著名的海德公园内。此建筑总面积达74000m²。建筑总长563m，合1851英尺，其目的是要象征这划时代的公元1851年（但这种象征是无力的，因为谁也见不到"1851"）。建筑宽124.4m。建筑的柱子间距是2.4m，是陈列架的长度，这也是当时英国所生产的玻璃最大长度的2倍，这样在两根柱子之间或屋架之间正好用2块玻璃。由于采用了铸铁（当时还没有钢）和玻璃，比起用砖、石、水泥来，它的柱和梁的截面积要小得多，柱和墙所占的建筑面积仅为1‰。整座水晶宫的外形是一个简单的阶梯形的长方体，还有一个垂直的拱顶，建筑的各个面只显出铁架和玻璃，内部没有任何装饰。此建筑工期只有9个月（公元1850年8月~1851年4月）。

"水晶宫"的建成，曾轰动一时，被人们认为是建筑工程上的奇迹。来自世界各地的参观者都赞扬它，说是用铁架和玻璃形成的广阔透明的空间，使人不辨内外，目极无际，莫测远近，创造了无与伦比的建筑新形式。"水晶宫"所产生的影响很大，直至今日，世界各地所举办的博览会，其建筑物仍然可以看到"水晶宫"的影子。

公元1852年，当水晶宫从海德公园迁到肯特郡锡德纳姆作为陈列厅时，将正中间最高部分改为筒形拱顶，与原先的纵向筒形拱顶形成了几个十字交叉拱顶。

三

巴黎的埃菲尔铁塔，建成于公元1889年。它的建造目的有二：一是为纪念法国大革命100周年，二是作为巴黎国际博览会的标志物。此塔高328m，是当时世界上最高的建筑。由于它形式特别，又很高（图5-1），所以难以被人们接受，有好多文人和社会名流都反对它、咒骂它。当时著名文学家莫泊桑（公元1850~1893年）也讨厌这个"怪物"，不想看见它，但由于此物十分高大，巴黎市内许多地方都能看到它，因此莫泊桑只好到铁塔下面的一家咖啡馆里去喝咖啡，并且得意地说："这里再也看不到铁塔了。"

第五章 外国现代早期建筑的美

图 5-1 埃菲尔铁塔

从美学的角度去分析,这座铁塔的成功之处在于其轮廓线。塔的两边不是直线,而是曲线,是抛物线。这种线形具有向上的动势。这也正是这个建筑的主题,如同音乐,用的是"上行音型",给人的感觉是蒸蒸日上,是发展。

埃菲尔铁塔的另一个审美效果在于它用四方形平面,四个铁架组成的形体,我们在任何一个角度看去,都能得到左右对称的轮廓形象,所以觉得很稳定。

但也有的现代建筑理论家认为,铁塔下面的圆拱铁架是多余的,在结构上根本不起作用,只是装饰,所以被认为是不彻底的现代主义建筑。不过,早期的现代主义确实是不彻底的,总有某种传统理念在形态上表现出来。就像印象主义绘画、音乐,或者象征主义诗歌等。人们称这一类的艺术作品为"骑墙派"。

四

巴黎在公元 1889 年的另一个重要建筑是机械展览馆。这座建筑的特点就是巨大——巨大的展览厅陈列各种各样的机械,厅内不设柱子。此建筑长度为 400m,宽度为 115m,如图 5-2 所示。这座建筑对当时来说似乎有些不可思议,它利用新的

图 5-2 机械展览馆

结构形式：三铰拱——用两榀铁架，顶端一个铰，两边地面上各一个铰。由于它的接地的一点是铰，只有小小的"一点"着地，令人十分惊讶，有人形容它是在跳"芭蕾"（足尖着地）。这座建筑虽然于1910年被拆除（由于城市规划的原因），但它的影响是很大的，它也同样标志着新建筑的开端。

第二节　芝加哥学派与建筑的美

一

芝加哥学派的观点如前所说，强调功能。从美学上说，我们要关注的是现代美学的深层的含义。什么叫"时代美"？在19世纪末到20世纪初这段时间，一种社会的美学现象就是赶时髦，"摩登"（就是modern的译音）。时代性，也就意味着过时。当时有人惊讶地说，一种新的事物来不及接受就已经过时了。当时的审美特征就是如此。

包括建筑在内，"时代"二字的真正含义，或者说一个新产品，它的指导思想不外有三：

一是它能适应当代社会和个人的功能需求；

二是它在坚固性和维修方面要优于原来的形式；

三是统筹的经济性上要求优于过去的，即它的成本和利用率方面合起来看，要优于过去的。

芝加哥学派在19、20世纪之交的几个代表作的美学思想就是如此。

二

瑞莱斯大厦位于芝加哥，建于1894年，为芝加哥学派的代表作之一。此建筑高16层（图5-3），此建筑不用砖墙承重，用的是框架结构，所以能开比较大的窗子，既增加房间的亮度，又增加外部造型的明快感。大型玻璃窗具有强烈的时代美。这种造型效果不像伦敦的水晶宫或巴黎的埃菲尔铁塔，让当时的人们一时难以接受。时到19、20世纪之交，芝加哥学派的这种高层建筑和大玻璃窗形象，大家很快就能接受。这说明时代与功能的又一层关系。

三

芝加哥学派的另一座建筑是卡宋百货大楼，又名斯莱辛格·梅耶百货公司，如图5-4所示。此建筑建成于1904年，高12层，设计者就是芝加

图5-3　瑞莱斯大厦

图 5-4　卡宋百货大楼

哥学派的主要代表者沙利文。这座建筑最能体现芝加哥学派的理论了，即形式服从于功能，同时也基本上确立了美国近代高层建筑形式。这座建筑后来被誉为"芝加哥之窗"。沙利文自己认为，高层的办公、商业建筑的基本形式应当是：要有地下层，这是结构的需要，同时是可以放置锅炉房、动力、采暖、照明设施等的空间；底层主要作为商店、银行及其他大众性的服务设施，空间宜宽敞，光线要充足，交通需方便；二层楼要有宽敞的楼梯与底层联系，以增加对顾客的吸引力；更上面则是办公，功能虽有所不同但形式要统一，除了美的要求外，也有利于经济和技术合理性；顶层要有设备用房，如水箱、电梯机房及其他设备用房。

四

纽约的渥尔华斯大厦也属芝加哥学派。此楼建成于 1913 年，52 层，高 241m。这座建筑被说成是"商业的教堂"。在这座建筑上，用了好多带有哥特风格的装饰。承重砖墙的转角和主塔的支撑力被扩大了，但却又不时被水平线所打断。顶端的哥特式尖顶和卷叶饰被大大地扩大了尺度，以便能从街上看到，同时也给向上的运动感提供了视觉上的效果。这座建筑的造型，其顶端处理在人的视觉上具有冲击感。但这种手法后来就过时了，大量的平屋顶取代了这种美学观。

第三节　19、20 世纪之交的建筑流派与建筑的美

一

有人认为，"真正改变建筑形式信号的出现是 19 世纪 80 年代开始于比利时布鲁塞尔的新艺术运动（Art Nouveau）。"（同济大学等四校编. 外国近现代建筑史. 北京：中国建筑工业出版社，1982）新艺术运动的创始人之一凡·德·费尔德组织建筑师讨论了结构和形式之间的关系问题，其目的是要解决建筑和工艺品的艺术风格问题。这些人反对历史传统风格，想创造出一种新的能适应工业时代精神的简化装饰。他们的装饰主题是模仿自然界生长繁茂的草木形状的线条，凡是墙面、家具、栏杆及窗棂等装饰莫不如此。由于铁便于制作各种曲线，因此装饰中大量应用铁构件。

新艺术运动的典型例子是布鲁塞尔都灵路 12 号住宅（公元 1893 年），由霍尔塔设计，还有凡·德·费尔德设计的德国魏玛艺术学校（公元 1906 年）。

新艺术运动在 19 世纪 80 年代几乎传遍欧洲，甚至影响到美国。正是由于它的

这些植物性花纹与曲线装饰，脱掉了折衷主义的外衣。新艺术运动在建筑中的这种改革只局限于艺术形式与装饰手法，它不过是在形式上反对传统形式而已，并未能全面解决建筑形式与内容的关系，以及与新艺术的结合问题，这也就是它为什么"短命"之原因。在流行一阵后，到了1906年后，渐渐衰落了。

二

19世纪50年代出现在英国的工艺美术运动（Arts and Grafts Movement）其代表作是肯特郡的红屋。这座建筑是诗人、艺术家莫里斯的住宅，平面根据功能的需要，布置成曲尺形的。他用本地产的红砖建造，清水墙，摈弃传统的贴面装饰，表现出材料本身的质感。工艺美术运动是以拉斯金和莫里斯为首的一些社会活动家的哲学观点在艺术上的表现。他们二人热衷于手工艺的效果与自然材料的美。莫里斯为了反对粗制滥造的机器制品，曾寻求志同道合者组成一个作坊，制作精美的手工家具、铁花栏杆、墙纸和家庭用具等。但由于成本太贵，难以推广。他们在建筑上则主张建造"田园住宅"，以摆脱古典的建筑形式的束缚。

肯特的红屋，将功能、材料与造型结合起来的做法，对后来新建筑运动有一定的启迪。但他们的消极性则表现在把机器视为一切文化的敌人。也有人说他们这种思想及其作品，出于怀旧之情绪。因此，从建筑美学的角度来说，整个工艺美术运动也许是对时代美的一种"反馈装置"。更确切地说，其主题则是以人为本。

三

什么叫"维也纳分离派"？这要从维也纳学派说起：在新艺术运动的影响下，奥地利形成以瓦格纳为首的一个学派。瓦格纳试图把奥地利的建筑从新古典主义中解放出来。他指出，建筑艺术创作只能源出于时代生活，不应孤立地对待新材料、新工艺，而应联系到新造型，使之与生活需要相协调。瓦格纳的观点影响了维也纳学派的许多人，其中著名的如奥别列去、霍夫曼、卢斯等。

19世纪末，维也纳学派中的一部分人，成立了"分离派"，宣称要与过去的传统决裂。1898年，在维也纳建造分离派展览馆，他们提出造型简洁、集中装饰的原则。但与新艺术运动不同的是，装饰主题用的是直线和大片的光光的墙面，以及用简单的立方体，使建筑走向简洁。后来瓦格纳本人也参与了分离派。分离派的代表者是霍夫曼等。

分离派反对装饰，认为"装饰是罪恶"，其代表作是1910年在维也纳建造的斯坦纳住宅（图5-5）。这座建筑由路斯设计，建筑外部的装饰已完全消失。他强调建筑的比例；墙与窗之间的关系；他要求建筑成为基本立方体的组合，完全不同于折衷主义的做法。

四

荷兰和芬兰等地的建筑，这时

图5-5 斯坦纳住宅

第五章　外国现代早期建筑的美

图5-6　阿姆斯特丹证券交易所

也有新的动向。当时荷兰著名建筑师贝尔拉格，对当时流行的折衷主义十分反对，他提倡"净化"，主张表现建筑造型的简洁明快及材料的质感，他声明要寻找一种真实的能表达时代的建筑。他的代表作是1903年建成的阿姆斯特丹证券交易所（图5-6）。此建筑外形简洁，内外墙面均为清水砖墙，不加粉刷，恢复了荷兰精美的砖工的传统。在檐部和柱头处，以白石代替线脚装饰。内部大厅用钢拱和玻璃顶，体现了新结构与新材料的特点。

芬兰地处北欧，有着自己的许多民族文化特征。19世纪末，在建筑上也受到新艺术运动的影响。20世纪初，在探求新建筑的运动中，著名建筑师沙里宁所设计的赫尔辛基火车站（1916年建成）是很优秀的作品，体形简洁，坚固灵活。

五

对欧洲来说，西班牙一地是一处文化最特别的地方。这也许是由于它太偏远，同时也由于它在历史上受阿拉伯帝国统治了一段较长的时间，所以有一句成语叫Castle in Spain，译成中文是"空中楼阁"，也就是说是比较奇特。在建筑上，也就有自己的独特的传统。历史进入现代，它的发展也显得比较离奇。这种建筑个性，主要体现在著名建筑师戈地的作品中。

位于巴塞罗那的米拉公寓（建于1910年），称得上是戈地的代表作。有人评论戈地是在建筑艺术探新中勇于开辟一条新路的人。在这座公寓建筑的设计中，他吸收了许多东方建筑文化，并结合欧洲哥特式建筑风格而独创出个性很强的建筑形象。

他的另一个作品巴特罗公寓（1926年，巴塞罗那）也同样贯彻了这种精神。它的外形很不规则，借鉴了自然界中凹凸、螺旋、抛物线等各种奇特的形态组建而成。建筑的底层是通透的空间，只有柱子，但形态特别，不是普通的柱子。在外立面上，二、三层的处理简直有点可怕，好像人的张开的大嘴巴。有人形容这座建筑为"打哈欠的房子"。三层以上的墙面，罩着斑驳而色质交融的装饰，使人联想起海藻或泡沫。屋顶上似是一条长龙，眼睛懒懒地在往下张望。还有一条尾巴，用彩色陶瓷片装饰起来，联想起这也许是个恶魔，令人惊讶不已。

第四节　德意志制造联盟

一

德国在20世纪初，有些建筑是很有价值的。这些建筑基本上属德意志制造联盟。德意志制造联盟（Deutscher Werkbund）是德国工业家、美术家、建筑师和社会学家组成的一个设计组织和学术团体，从事研究和设计建筑和其他日用产品，1907年成立于慕尼黑。他们旨在通过研究这些产品的设计，提高质量，以适应当时新的工业生产的要求和争夺产品的国际市场。为此，他们提倡美术与工业协作，工业产品需适应现代生活要求和具有时代美。他们的建筑观是重视功能和技术，强调时代性。他们提出建筑设计要与现代及其大生产相结合。

图 5-7　透平车间

德意志制造联盟的建筑作品较多，比较有代表性的是德国通用电气公司的透平车间、德意志制造联盟展览会办公楼、法古斯鞋楦厂等。

二

德国通用电气公司的透平车间（图 5-7），虽是一座工业建筑，但从建筑造型和建筑美学上说，也是很有价值的。这座建筑位于柏林，由贝伦斯设计。

这座建筑在功能上可以分为两部分：一个主体车间和一个附属建筑，由于机器制造过程要有充足的光线，所以建筑设计要满足其采光要求。这座建筑的立面，如实地表现出这种需求，在柱墩之间开足了大玻璃窗。车间的屋顶由三铰拱构成，这就免去了内部的柱子，为开敞的大空间创造了条件。侧立面山墙的轮廓与它的多边形大跨度钢屋架相一致。不过，这座建筑本来是以钢结构为骨架，却在转角处做成粗笨的砖石墙体外形，反映不出新结构的特点。后来有的建筑美学评论家说：设计者贝伦斯创作的这座建筑，可以说为探索新建筑起了示范作用。

三

德意志制造联盟展览会办公楼，建于1914年，位于科隆，如图 5-8 所示。德意志制造联盟在科隆举办展览会，除了展出工业产品之外，也把展览会建筑本身作为新工业产品展出。由于它用的是新材料，结构轻巧，造型明快，所以人们都很欣赏它。展览会中最引人注目的正是由格罗皮乌斯设计的这座建筑。在构造上，建筑物全部采用平屋顶，经过技术上的处理，防水没有问题，而且还可以上人。这在当时是很受人们注意的。在造型上，除了底层入口附近用了一片砖墙外，其余部分都是玻璃窗。两侧的楼梯间也做成圆柱形的玻璃塔。结构的暴露、材质的对比、内外空间的沟通等设计手法，都被后来的现代派建筑所借鉴。

四

坐落在德国阿尔费尔德市，由著名建筑师格罗皮乌斯设计的法古斯鞋楦厂，是一座功能、结构都很合理，造型也很好的建筑。建成于1916年。作者在这里选择的是简单的砖石结构，背面为承重墙，前面为柱子，在屋顶上用钢结构。在外墙处理上，设计者没有按原来设计方法，把玻璃窗开在厚墙中，而是将柱往内，玻璃窗开满外墙，底下用金属板墙裙支托。为了使承重和非承重有明显区别，突出的外墙仅包一层"薄膜"而已，还将角柱取消。这一处理与传统手法有很大的不同，显得更为简洁。

图5-8　德意志制造联盟展览会办公楼

第六章　两次世界大战之间的建筑美学

第一节　从新的建筑流派到包豪斯

一

1918~1939年，是两次世界大战之间的一段间歇时间，现代建筑在这段时间里走向成熟，并达到高潮。在20世纪20年代，各种流派纷呈。当时比较有代表性的建筑流派有：风格派、表现主义、构成主义和未来派。不过构成派没有出现真正有代表性的作品，只有塔特林的"第三国际纪念塔"设计方案，只是"纸上谈兵"，没有付诸实施。未来派更是雷声大雨点小，也没有作品，只是发表了一个"宣言"。

风格派即斯提尔派（De stijl），这个流派在20世纪第2个10年盛行于西欧。当时荷兰有一批青年艺术家（包括建筑师），组成一个以"风格派"命名的造型艺术团体，主要成员有蒙特利安、凡杜斯柏、莱特维德等。所谓"风格"，就在于突出自己的个性。无论绘画、雕塑或建筑，都喜欢用简单的几何形体，简单的色彩，形成抽象的形象。如蒙特利安的绘画作品，几乎都是用粗黑线划出大小不等的方格，按照均衡等构图原则，在方格内填上红、黄、蓝等鲜艳的色彩，形成有个性的、又是抽象图案式的绘画作品。在建筑上，最有代表性的就是荷兰乌德勒支的施劳德住宅，如图6-1所示。这个建筑形象是用简洁的几何块体组成的。作者并不把墙、门、窗、阳台等这些部件视为这些东西的名称的概念，而是从"构图"出发，其目的在完成一个类似于现代抽象雕塑一样的作品。1924年这个建筑建成后，引起艺术文化界的关注。此建筑的设计者认为，他试图用这些单元体创造出一个"室内外延伸的、时间与空间相结合的东西"，以示他的艺术观和建筑观。

二

表现主义（Expressionism）这个流派在许多艺术领域都有涉及。如绘画，画家蒙克的《呼号》，称

图6-1　施劳德住宅

得上是表现主义绘画的代表作。文学上，卡夫卡的《变形记》等，在表现主义文坛上享有较高的地位。

表现主义在建筑上的作品不多，如密斯·凡·德·罗的李卜克内西—卢森堡纪念碑（柏林，公元 1926 年），门德尔松的爱因斯坦天文台（波茨坦，公元 1920 年）等。

波茨坦的爱因斯坦天文台（图 6-2）是为爱因斯坦的广义相对论的建立而造。这座建筑的功能是天文观测，但实际上是想要用建筑来表述广义相对论。如此抽象而深奥的理论怎样用建筑形象来表述呢？建筑师抓住相对论的一个现象，即高速度之下，时间和空间都不是常态下的那种情形，都会起变化，空间要收缩，时间要弯曲，于是他就抓住这种变形，设计成这样的门、窗、墙等都变了形的建筑形象，来表达广义相对论的精神。这座建筑后来得到了爱因斯坦的肯定。

图 6-2 爱因斯坦天文台

三

在两次世界大战之间，德国著名建筑师格罗皮乌斯不但有理论，而且致力于新建筑思潮的传播。首先来分析他的一个作品，西门子公寓（图 6-3）。这是一个住宅区，位于柏林市郊，建于 1929~1930 年。这种建筑的平面呈长条形，每梯两户，建筑高 4~5 层，大部分南北排列，个别也有东西排列。户型的组合也较多，可适合不同住家的需要。根据不同的朝向，布置有起居室、卧室、厨房、阳台等，它的平面布置较紧凑，房间尺寸是按人体的比例设计的，空间的使用效能较高。

西门子公寓的建筑立面构图和谐，窗、阳台、墙面等给人以和谐、安定的美感，虚实对比、明暗对比也十分恰当。在立面上，令人感到新奇的是它的建筑外形能反映内部房间的功能，这种处理手法在当时来说是一种很新的处理手法。格罗皮乌斯反对立面上用繁琐装饰，他强调"从内部解决问题，不做表面文章"。这也正是他的建筑美学观。

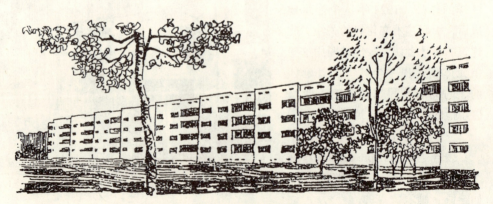

图 6-3 西门子公寓

图 6-4 包豪斯新校舍

四

格罗皮乌斯的最有代表性的作品就是位于德绍的包豪斯新校舍（公元 1926 年），他也是这所学校的校长。

包豪斯（Bauhaus）是一所专门培养建筑和其他造型美术人才的学校，当时有许多现代派著名艺术家在这里任教，如康定斯基、克利、菲林格等。这些人的艺术观是一致的，都主张创新，不保守。其中有人还提倡理性与造型结合，提出要与适用、经济结合起来考虑产品的美观；同时还提出应当着眼于"构成物"本身的美，金属的、木的、油漆的、砖石的等，应当在加工工艺上力求发挥其质地和加工的美，反对附加上去的装饰。

格罗皮乌斯亲自设计包豪斯新校舍（图6-4），这座建筑本身就贯彻了包豪斯的基本精神。这是一座不对称的建筑，形成这种形式完全出于功能的需要，它的各部分的布局，包括位置、形状、大小、高低等，都首先出于使用需要。在此基础上，也注意造型上的比例和均衡。形态上则着眼于各种材料本身的美以及材料的相互比较与和谐性。

第二节　勒·柯布西耶的建筑观

一

勒·柯布西耶1887年出生于瑞士，后来移居法国巴黎。他是一位思想最激烈的现代派建筑师，有人说他是"狂飙突进派"（德国于18世纪兴起的文学运动，提倡个性，歌颂天才，代表人物有歌德、席勒等）。作为一位建筑师，他的可贵之处在于他十分关心社会，关心人们的居住问题。他曾说"建筑是住人的机器"。这是因为当时一个突出的社会问题是住房的紧张，他提出要多造房子，要满足人们对居住空间的需求。他认为，我们应当让大家住得更好些，否则社会就得不到安宁。

他曾发表过一本建筑理论著作：《走向新建筑》（1926年）。书中充满激进、狂热的思想，观点很复杂，有些地方甚至自相矛盾。但其中心思想是很明确的，极力否定19世纪以来因循守旧的复古主义和折衷主义建筑风格和理论，主张创造表现新时代的新建筑。书中用大量篇幅讴歌现代工业的成就，作者举出飞机、轮船和汽车，就是表现新精神的产品。他称颂工程师的工作方法，"工程师的美学正在发展着,而建筑艺术正处于倒退的困难之中。"书中提出了对住宅要大发展的论点,主张用大工业化的方法建造大量房屋。现代主义建筑大师们心中存在一个关于建筑和社会关系问题的乌托邦,认为建筑可以解决社会问题。在建筑设计方法问题上,勒·柯布西耶提出:"现代生活要求并等待着房屋和城市有一种新的平面",而"平面是由内到外开始的,外部是内部的结果。"他赞美简单的几何体,鼓吹"纯粹的"建筑。"建筑艺术超出实用的需要,建筑艺术是造型的东西。"他的强烈的理性主义和深刻的浪漫精神在此书中均有所体现。

二

勒·柯布西耶的新建筑理论,他自己总结出五点,即著名的"新建筑五点":

（1）立柱。房屋底层透空,下设立柱。立柱把房屋像一个雕塑似地举起来,地面留给行人。

（2）屋顶花园。房屋的屋顶处理应当把房屋看成为一个中间空心的立方体,即屋顶是平的,上面做花园。

（3）自由平面。采用骨架结构,上下墙无需重叠,内部空间完全可以按空间的使用要求自由分隔。

（4）横向长窗。承重结构与围护结构分开,墙不承重,窗也就可以自由开设。最好是采用横向的可以从房间的一边向另一边开足的长窗。

（5）自由立面。承重的柱子退到外墙后面,外墙成为一片可供自由处理的透明或不透明的薄壁。

勒·柯布西耶的作品萨伏伊别墅（图6-5）,可以作为"新建筑五点"的"注疏"。这座别墅建成于1931年,共三层:底层只设楼梯、杂房和车库,其他都是透空的;二层有宽大的起居室、卧室及其他用房;三层除了少量的房间外,大多数是开敞的屋顶花园。这座建筑看上去开敞、舒展,可谓现代派建筑的精品。

三

在勒·柯布西耶的作品中,居住建筑占去一大半,这也可见他对人们的衣食住行的关怀。位于法国塞纳河畔布洛涅的柯克住宅,也许称得上是他对人的关怀的一个代表作。这座建筑的一个明显的特点是竖向发展。建筑共4层,底层基本上是前后敞通,这就使屋前的小空地不至于显得闭塞;二层为卧室和更衣室;三层、四层为起居室、餐室、厨房、书房和屋顶花园。起居室高占两层,它与同层的餐室和上面一层的书房、屋顶花园在布局上有着立体的纵横联系。餐室的顶棚很低,但由于在视觉上借用了起居室的空间,从而不感到狭小。起居室上部的窗户开向屋顶花园,与屋顶花园在视野上的联系使它更显得宽敞。卧室面积不大,家具布置合理。窗户是横向长

图6-5　萨伏伊别墅

窗，有助于消除小面积房间的闭塞感。

这座建筑形式简洁，粉墙上除了大面积的横向长窗外，就是悬挑出的阳台和雨篷，它们在强烈的阳光下形成明显的光影效果。

四

柯布西埃不但以他的作品济世，而且他又努力组织建筑师建立新的国际性的组织。1928 年，以勒·柯布西耶为首，建立"现代建筑国际协会"（Congre's Internationaux d'Architecture Moderne，简称 CIAM），当时发起人勒·柯布西耶，还有格罗皮乌斯、阿尔托、舍特、诺依特拉、布劳耶、莱特维德和吉典。这个协会于 1928 年在瑞士成立，正式会员 24 人，来自 12 个国家。第二次世界大战后发展为 100 余会员，来自 27 个国家。1959 年后，宣布长期休会。1933 年该会在雅典开会，提出著名的《雅典宪章》，这是历史上首次公开强调建筑与社会政治、经济的关系，认为要提高建筑的普遍水平，需要广泛采用合理的生产方法；建筑必须以"最大限度满足大多数人的需要"为宗旨；设计工作不能只从个别房屋着手，而应从整个居住区、城市或区域出发。为此，需依靠有组织的合作……。

所谓《雅典宪章》即国际建协于 1933 年在雅典以"功能城市"为主题签署的一个影响深远的文件，主旨即上面所提到的精神。现代主义观点，应赋予城市以居住、工作、游憩与交通四大功能。按勒·柯布西耶提出的"光明城市"的设想，将城市按不同的功能进行分区。居住是城市的首要活动，所以住宅区应该占有最好的地区；按照不同的地区生活情况，设定居住密度；形成综合的邻里单位；工业区与居住区之间以绿带式缓冲地带隔离；商业区要有与住宅区和工业区的方便联系；要有众多的游乐设施和公园；交通应以现代化的汽车与电车为主体；文物建筑应该得到妥善保存。《雅典宪章》针对与现代化大工业相适应的都市问题，基于古希腊和文艺复兴以来的理性传统，对人类聚居的城市做出了功能主义的乌托邦设想，提倡充分利用现代技术在城市规划中解决社会的政治、经济等问题，抛弃了 19 世纪折衷主义的教条，虽然《雅典宪章》所提出的功能分区原则在以后的城市规划中暴露出了它的不适应性和缺陷，但《雅典宪章》所总结和提出的功能原则在西方乃至整个世界的现代建筑教育中仍有广泛的影响。（摘自《中国土木建筑百科辞典·建筑卷》，中国建筑工业出版社，1999）

第三节 密斯·凡·德·罗的建筑观

一

密斯·凡·德·罗是一位天才建筑师，他没有受过正规的专业教育，但这位德国人以天才和毅力，通过自学和刻苦钻研，终成大业。他与格罗皮乌斯、勒·柯布西耶和赖特并称现代建筑最杰出的"四位大师"。他早在 15 岁时，便在阿亨的一个建筑事务所做学徒，19 岁时他到柏林，后来便在贝伦斯的事务所工作。1926 年，他被聘为德意志制造联盟副主席，1930 年任包豪斯校长。1938 年，密斯·凡·德·罗赴美国，在伊利诺工学院参加教育工作。第二次世界大战后，他开设事务所，直到 1969 年去世。

密斯·凡·德·罗一生留下许多优秀的作品，我们在这里通过他的几个代表作，

图6-6 魏森霍夫公寓

来看看他的建筑美学思想。

魏森霍夫住宅新村公寓，建于1927年，如图6-6所示。这座建筑外形很简单，平面"一"字形，平屋顶，一梯二户。由于采用了钢构架，墙不承重，所以住户可以按自己的居住要求随意用胶合板隔墙自由划分空间。这幢公寓甚至可在同一的结构布置下产生16种不同平面布局的居住单元。密斯·凡·德·罗在这里初步显示了他后来提出的以精简结构为基础的"少就是多"的论点。

这个住宅新村对当时的建筑设计思想冲击甚大，它显示了一种新型住宅的诞生。这种住宅是建立在功能分析、节约材料与工时、没有外加装饰和建筑的美来自形体比例等原则上的。这些住宅风格一致，都是由平屋顶、白粉墙和具有水平向长窗的立方体组成。

二

密斯·凡·德·罗的另一个成功之作是建于1929年的巴塞罗那德国馆。这是一座不大的建筑，但其影响却很大。这座建筑存在时间不长，展览会结束就被拆除了。不过现在已按原样建造起来了。这座建筑长仅50m，宽只有25m，但其材料用得很讲究，施工也相当精细。这个建筑最精彩之处，在于它的空间。密斯·凡·德·罗自己认为：在这里，他努力使结构具有逻辑性，自由分隔空间，与建筑造型密切关联。其实，这个展览馆并不是为了展出什么东西，它本身才是一个展品，即表现现代建筑的技术和艺术以及他的建筑观。这个展览馆的设计提出了这样的设想：建筑空间不像人们所习惯的那样是一个由6个面（四面墙、屋顶和地面）所包围和与室外全然隔绝的房间，而是由一些互不牵制、可以随意置放的墙面、屋面和地面，通过相互衔接和穿插而形成的建筑空间。这样的空间既可封闭又可敞开、或半封闭半敞开、或室内各部分相互贯通、或室内与室外相互贯通。这其实与20世纪20年代的风格持有相同的见解。

巴塞罗那德国馆的空间艺术效果，后来受到全世界建筑界和造型艺术领域的关注。著名建筑历史评论家希契科克说，这是"20世纪可以凭此而同历史上的伟大时代进行较量的几所房屋之一。"〔(H.R.Hitchcock《Architecture: 19th and 20th centuries》，1958) 转引自罗小未文《密斯·凡·德·罗》，《建筑师》（四），中国建筑工业出版社，1980.7〕]

三

吐根哈特住宅建成于1930年，是这位建筑大师的又一杰作。这座建筑是在前捷克和斯洛伐克布诺城为一个银行家所建造的私人别墅，也是密斯·凡·德·罗在欧洲设计的住宅之代表作。这座住宅坐落在一个绿草如茵的坡地上，建筑主体共2层，住宅的前面是一个大花园。所有私密性的卧室与露天活动平台设在楼上，便于观赏周围景色。大门从二层出入,这是因地形高差之故。起居活动部分设在楼下,有平台踏步通向花园。楼上与楼下因功能不同而设计手法各异,楼上都是一个个封闭的房间,以保持其私密性,楼下则以开敞的流动空间为特点。建筑全长40m,宽23.8m。这个建筑最精彩之处是起居部分,设计者把它做成一个开敞的大空间,书房、客厅、餐厅、门厅四部分用不封闭的隔墙划分,使内部流动空间可以通过玻璃外墙引向花园,其妙无穷。

四

李卜克内西—卢森堡纪念碑的设计也许是密斯·凡·德·罗设计中的特例。但这座纪念碑同样也设计得很成功,而且被认为是表现主义建筑的杰出代表之一。

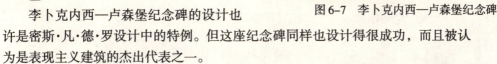

图6-7　李卜克内西—卢森堡纪念碑

这座纪念碑(图6-7)建于1926年,是为这两位无产阶级革命先驱建造的,这座纪念碑后来被希特勒纳粹拆毁。这座碑用砖墙组成,分凹凸几个块体,寓意着这两位革命先烈是在墙脚下倒下的,牺牲时心潮激荡起伏,用表现主义手法,主题刻画得十分深刻。

第四节　赖特的作品和他的建筑观

一

如今我们强调人居环境、生态环境,重提美国建筑师赖特的建筑观及其作品,也许更显示出它的价值。赖特是现代派建筑的"四位大师"之一。1869年他出生于美国。19世纪末,赖特对住宅的环境已有所关注。早年,他提出"草原式住宅"(Prairie House)理论。其特点是创造一种新的建筑风格,摆脱折衷主义的传统。在布局上,做到与大自然结合,建筑周围有理想的自然环境。

草原式住宅,以伊利诺州的罗伯茨住宅(建成于1907年)最为典型。这个住宅的平面是"十"字形的,为的是向四周的自然伸展、结合。住宅的中间是个大壁炉,既是取暖之物,又是家庭的团聚中心。室内采用了不同的层高,起居室空间很高,占两层。周围还设一圈陈列墙,使室内空间产生很多情趣。建筑的外形高低错落,很有节奏感。另外,这座建筑的屋顶用四坡顶,大挑檐,使建筑造型显得十分生动。这也是赖特惯用的建筑造型手法。图6-8是罗伯茨住宅的外形。

赖特设计的另一个著名的住宅是建于1908年的罗比住宅(图6-9),这个建筑位于芝加哥。罗比住宅造型高低错落,变化甚多,但风格很统一。住宅内部空间也很实用。外部环境与自然融合,位于林木花草的环境之中,能令人联想到与大自然结合在一起的那种生命之感。

继承这一传统,他后来的许多作品,如流水别墅、西塔里森冬季别墅等,都具有这种特征。后来他提出"有机建筑"（Organic architecture）理论，则进一步表达了他的建筑与自然结合的观点。用现在的说法，就是强调生态。他曾说"建筑是栖息之所，是人类可以像野兽回到山洞里一样的隐居之处，人们在里面可以完全放松地蜷伏着。……"（转引自罗小未文《赖特》，《建筑师》（五），中国建筑工业出版社，1980.12）

二

有人批评现代派建筑，说是"火柴盒子"，是"冷冰冰的方盒子"。但现代派建筑造型并不都是如此，也有许多富有变化的、美妙动人的建筑，赖特设计的流水别墅就是其中之一。

流水别墅（图6-10）位于宾夕法尼亚州匹兹堡市郊，是为百货公司巨贾考夫曼设计的一座住宅，所以又叫考夫曼别墅。此建筑建成于1936年。今已不作为住宅，而改作以旅游参观为目的，并且已成了文物。每年来这里参观的人不下7万人。

这座建筑跨建于瀑布之上，建筑与岩石、瀑布、泉水和林木有机地结合在一起，有人形容它不是人造出来的，而是从山中"长出来的"。此建筑共3层，第一层直接临水，包括起居室、餐室、厨房等。起居室的阳台上有楼梯可下达临水处，阳台是横向的，悬挑在水面上空。第二层是卧室，出挑的阳台部分纵向，部分横向，跨越于下面的阳台之上。第三层也是卧室，每间卧室都有阳台。起居室的形式是不规则的，从主体空间向周围伸出好几个空间块体，使室内感到自由自在，符合人们的起居活动需求。室内部分墙面用与外墙面一样的粗毛石片做成，具有自然感，并且使

图6-8　罗伯茨住宅

图6-9　罗比住宅

图6-10　流水别墅

室内外产生一体感。另外，壁炉前面的地面是一大片磨光的天然岩石，也形成很自然的感觉。总之，这座建筑从外形到室内，都使人感到"有机"，感到人与自然浑然一体，用中国传统的说法，这就是"天人合一"。

三

赖特也为自己设计住宅。位于亚利桑那州的麦克道尔山脚的西塔里埃森的冬季别墅（1938年）是继他的原先住宅塔里埃森（位于威斯康星州斯普林格林，1914年）的又一座建筑。这座建筑是赖特为他自己与他的学生自建自用的冬季别墅与工作室。主体建筑是一座由两边不等高的"门"字形木框架与帆布帐篷构成的房屋，筑在处于沙漠之中的一片红色火岩山上。此建筑分为三部分：居住、工作、劳动。空间作水平方向展开，室内相互交织，合成一体，并利用大量的棱角形成三角形的踏步、平台、水池与高低错落的花坛来使形态丰富。用多彩的石块叠成台基，与几棵仙人掌一起，形成浓重的地方色彩。

四

约翰逊制蜡公司办公楼，建成于1939年，图6-11是其外形。建筑形式高低错落，很讲究现代派建筑的造型特

图6-11　约翰逊制蜡公司办公楼

图6-12　约翰逊制蜡公司办公楼室内

点。赖特提倡"有机建筑"，强调建筑的自然性，所以他在这座建筑中的一间大型办公室中，采用玻璃屋顶，屋顶用柱网支撑，这些支撑柱的造型非同一般，如图6-12所示，是做成如同蘑菇形状的圆柱，令人有置身于丛林的感觉，使人感到生气勃勃。也有人形容这里有"未来世界"的感觉。

这座建筑的外墙使用红砖，但建筑结构是框架式的，所以这些墙不是承重墙。这些墙的造型特征是变化与统一。变化，是在其高低、大小、宽窄、前后等方面；统一，在于材料的整体性很强，都用红砖，墙上端都用白线条收头。这座建筑充分表现出作者娴熟的现代建筑艺术手法，运用变化与统一、比例与尺度等法则，塑造出优秀的建筑艺术精品。

第七章　现当代建筑与建筑美

第一节　战后的社会文化与建筑美

一

现当代这个词也许有些含混不清；但在英语里，近代和现代为同一个词，都叫 modern。当代在英语里却有明确的词：contemporary。建筑，从美学来划分年代也同样如此。在建筑历史上，通常称 1851 年的伦敦"水晶宫"（Crystal Palace）的建成，标志着近代建筑的开端（但也有的人认为 15 世纪意大利文艺复兴运动，标志着近代历史的开始，或者 17 世纪英国资产阶级革命为近代的开始）。现代建筑，则多被认为是从 19 世纪与 20 世纪之交开始的。我们这里的现当代，在时间上划定为第二次世界大战以后。

从建筑美学来说，美感是变的，但又是不变的。我们对于 20 世纪初所建造的建筑，似乎感到过时了。但当时有些建筑，如芝加哥学派的卡宋百货大楼，风格派的乌得勒支的莱特维德住宅，以及 19 世纪建成的包豪斯校舍等，至今觉得它们仍然是很美的。因此在建筑美学上，对建筑的美感，有的不变，有的变。这就像我们今天看古希腊的帕提农神庙、罗马的铁达时凯旋门、巴黎圣母院等认为很美是一样的。也许可以说，在一个历史时期的优秀作品，它的美是不会过时的。当然这些建筑的功能多半是变了。

所以，建筑美学是一门十分复杂的美学，因为它所涉及的，或者说影响它的美的因素是多方面的，仅说某个建筑的美随着历史的变迁会过时或不会过时，未免太笼统了。

二

第二次世界大战以后，现代主义建筑在美学上的余波未平，这一时期（20 世纪 50~60 年代）仍然有许多好作品问世。

朗香教堂建成于 1953 年，由著名的建筑师勒·柯布西耶设计。这是一座小教堂，只能容纳百余人，若大批信徒来朝圣时，宗教仪式便在教堂东面的一块开阔地上举行。这座教堂造型十分奇特，无论是墙面或屋顶，几乎找不到一条直线。它的主要空间长 25m，宽 13m，圣坛在大厅的东首。教堂屋顶由两层混凝土薄板构成，底下一层在边上向上翻起，屋面向北倾斜，屋顶上的雨水汇集在下面的一个水池里。

教堂的外墙用石块砌成，墙面上开着大大小小的矩形小窗，排列很不规则，看上去似乎是个"非人间"的建筑。有人问设计者勒·柯布西耶为什么要做成这样的形式？他回答说这是"上帝的耳朵"，上帝要在这里听信徒们说些什么。图 7-1 是朗香教堂的形象以及对它的种种隐喻。关于这座建筑，后现代主义建筑理论家查尔

第一节 战后的社会文化与建筑美

图 7-1 朗香教堂

斯·詹斯说，这是用隐喻的手法，它看上去好像是虔诚信徒的双手，正在合十祈祷；又好像是一艘轮船，使人联想到圣经里说的诺亚方舟；它还像一只蹲在草地上的鸽子，或者是一顶传教士的帽子，令人浮想联翩。这就是建筑艺术中的隐喻。其实，艺术多少都有这种意象。建筑不同于雕塑，建筑只能用十分抽象的形式来表达，让人意会，达到某种意象。

三

纽约的西格拉姆大厦，建于 1958 年。此建筑高 158m，38 层，由著名建筑师密斯·凡·德·罗设计。此建筑设计得很理性，如图 7-2 所示，长方形的房子，底层外墙向内退缩，形成正面和两侧，三面是柱廊。顶层是设备层，外形略有变化，有收头效果。

当时讲究技术精美，在简约的形象上，努力使用高级的材料和精美的加工，达到建筑的精致耐看的效果。此楼在窗棂的外皮，贴上工字钢，一方面是为了增加墙面的凹凸感，加强立面上的垂直线强度；另一方面则是显示其钢结构。因为在高层建筑中，出于防火要求，承重的钢结构要用混凝土包裹起来。作为钢结构的显示，一般就在防火层外面再贴金属材料。由于西格拉姆公司资金雄厚，便使用了昂贵的青铜窗框以及刚刚发明

图 7-2 西格拉姆大厦

的褐色隔热玻璃，这一方面避免了不能防晒隔热的缺陷，更主要的是使这幢大楼显示出非凡的高雅格调。西格拉姆大厦当时是纽约最豪华、最精美的建筑。

四

纽约的联合国总部大厦建成于1953年。此建筑由四部分组成：秘书处办公楼、会议楼、大会场及图书馆，其中图书馆直到1961年才建成。

秘书处办公楼高39层，是第二次世界大战后第一座高层建筑，如图7-3所示。此建筑用的是板式结构，两端为实墙——剪力墙，大理石贴面，两侧面均为玻璃窗，以铝框格及深绿色吸热玻璃构成。会议楼是一座五层的建筑，临河而建。大会场形式较为特别，墙面为内凹形曲面，屋顶用下垂式悬索结构。这在当时来说是很新型的结构形式。

从建筑形式来说，秘书处的形象完全是现代主义方盒子形式，但比例得当，形象统一，只是窗格划分的大

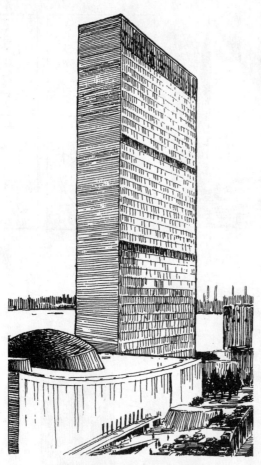

图7-3 联合国总部大厦

小在尺度处理上不妥。此建筑由美国建筑师哈里森设计。

第二节 战后的建筑与个性化

一

第二次世界大战后，虽然仍以现代主义建筑为主流，但到20世纪50年代末，由于社会文化和美学等各方面的发展，这种"千篇一律"的建筑已不能满足人们的需要了，于是有些建筑师便渐渐地发挥自己的创作个性，建筑形象又丰富起来了。在此，我们通过各种个性化建筑实例，来分析这些建筑的美学特征。

巴黎卢佛尔宫扩建工程，又称卢佛尔宫庭院金字塔。此"金字塔"建成于1989年，由美籍华裔建筑师贝聿铭设计。这个"金字塔"，被认为是巴黎主要轴线上又一个重要建筑，它的主要设计要求是以建筑形式表现出它是卢佛尔宫国家博物馆唯一的主要入口，并使得由宫殿改建而成的卢佛尔宫博物馆更加完美。此建筑地面部分为底边长34m，高20.9m，方锥体由8150个构件组成的空间钢结构支撑，其表面有673块菱形玻璃构成的玻璃墙面覆盖。地下部分与卢佛尔宫博物馆连接。不同功能的空间分布于三层楼面，总建筑面积达67000m²，提供了大型博物馆中公

众所必需的基础服务设施。建筑师在设计中很好地解决了现代建筑与受重点保护的传统建筑的结合问题；建筑构图的对称与非对称问题；结构、功能与形式的关系问题。建筑物给人们的深刻印象是它的透明而简洁，以及以正方形、三角形为母题的几何构成。另外，此建筑的细部设计也很成功，石材、混凝土、玻璃、钢构件等，都根据各自的材料特性被设计成特定的形式，并被巧妙地结合在一起，安置在恰当的地方。

图7-4 环球航空公司候机楼

二

纽约的环球航空公司候机楼（即肯尼迪航空港），由美国著名建筑师小沙里宁设计，于1962年建成。从形式上说，这座建筑是以整体钢筋混凝土建成，主要的屋盖是在四块双曲面薄壳体之间安装玻璃带。设计者充分运用了壳体"弯曲"特性，没有任何生硬的线条、角落。双向曲面薄壳，形象似有无拘无束之自由感，如图7-4所示。有人说，他到过世界上许多的飞机场，其中就是这个机场给他的印象最深。这个机场的形象像一只展翅欲飞的大鸟。但专业人士却认为，建筑不是雕塑，不能太像什么东西。要隐喻，不要象征。从美学的角度说，正如画家齐白石所言：画要在似与不似之间，太似则媚俗，不似则欺世。这是一条百世不斩的艺术美法则。

三

悉尼歌剧院这座建筑也有同样的美学特征。

凡到过澳大利亚悉尼的人，大都要前往这座举世闻名的建筑，一睹为快。坐落在悉尼班尼朗岛上的这座建筑，可谓美妙动人。有人喻之为"像一堆奇异的珍贝，散落在海滩上"。也有人说它像一艘航船，扬帆启程，将要远航（图7-5）。

这个形象与悉尼一带流传的一个民间故事有关。相传在很久很久以前，这里有一位贫苦的孤儿，常在海滩上经过。有一次，他在海边看到有一条小鱼正被一条大鱼咬住，快要被吞噬，于是他奋不顾身地把这条可怜的小鱼从大鱼嘴里拯

图7-5 悉尼歌剧院

第七章　现当代建筑与建筑美

救出来，幸免于难。说来也巧，原来这条小鱼却是一条神鱼，得救以后十分感激这个孩子。它为了报答救命之恩，便立即变出 10 个美丽的贝壳，送给孩子，并告诉他，这些贝壳可以治瘟疫。有谁得了病，只要把这些贝壳往病人的胸口一放，病痛就会消除。话音刚落，那条小鱼就游回大海去了。孩子拿了这 10 个贝壳给人们治病，果然很灵验，人们无不感激。但不久，这件事被当地的一位贪婪的酋长知道了，于是他就派人来抢这 10 个贝壳。这孩子宁可牺牲也不愿让贝壳落入酋长之手，于是他就带着这些贝壳，跳入大海。不久，神奇的事又发生了：在海滩上，出现了 10 个巨大的贝壳。人们靠近这些贝壳时，感到十分惬意，有心旷神怡之感。若是有病的人到此，则病痛全部消除。酋长得知这一消息，又派人来抢这 10 个大贝壳。但当他们来抢时，这些贝壳便聚合起来，化作一条有 10 面帆的大船，向海上驶去……。

建筑师有感于这个美丽动人的民间故事，便构思出这一形象。悉尼歌剧院由 3 个建筑组成：一个歌剧院，一个音乐厅，这两个建筑一左一右，形式相同，都用三前一后 4 个帆形壳顶构成。在这两个建筑的后面，还有一个餐厅，用一前一后 2 个壳体构成。三座建筑共 10 个壳体。它们既像贝壳，又像帆。建筑师把这个民间故事巧妙地用建筑形象表现出来。这个建筑不但形式美，而且又具有如此动人的文化内涵，这就更显示出建筑师的匠心了。

但悉尼歌剧院也有美中不足之处。它在工程结构上有许多不合理的地方，也给施工带来许多困难。它的工期长达 17 年（1957~1972 年），这在现代建筑工程中是少有的。这座建筑的造价也相当可观，据说最后决算是预算的十几倍！由此看来，建筑确实是"难的"（古希腊哲学家苏格拉底说，美是难的，其意义相近），一座好的建筑，要做到十全十美是很难的。

四

最后来看华盛顿美国国家美术馆东馆。此建筑坐落在华盛顿国会大厦广场的北侧，由著名的美籍华裔建筑师贝聿铭设计，于 1978 年建成。这座建筑位于宾州大道边上的一个直角梯形地块上，建筑面积 56000m²，是贝聿铭事务所最杰出的设计之一，也是现当代最有名的美术馆之一。东馆包括两部分，从平面上看，一部分是等腰三角形，另一个是直角三角形。前者专供展出各种艺术品，是陈列馆；后者是专供艺术家和学者们研究、交流的研究中心。设计者将一块直角梯形的基地巧妙地划分为一个等腰三角形和一个直角三角形，然后这两部分建筑就放置上去，可谓天衣无缝，见图 7-6。

国家美术馆东馆的等腰三角形部分的三个角，矗立着三个高塔。中间是玻璃顶中庭，其空间和光影变幻十分丰富，这里是东馆空间的中心。展室大小不一，不同大小的展品分别置

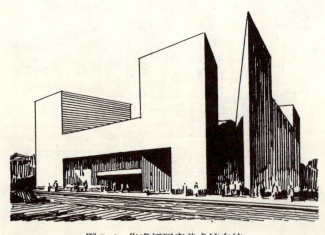

图 7-6　华盛顿国家美术馆东馆

于大小各室，恰到好处。东馆正面前面放着英国著名现代派雕塑家亨利·摩尔的作品，与建筑相映成趣。东馆的正面一条中轴线，与西面的老美术馆相合，形成一个整体，两者一新一老，和谐统一。

第三节 后现代主义建筑与建筑美学

一

英国后现代主义建筑理论家查尔斯·詹克斯在《后现代建筑语言》一书中这样写道："现代建筑，1972年7月15日下午3点32分于密苏里州圣·路易斯城死去……"这段耸人听闻的话是什么意思呢？文章在下面便说明原由：当时，声名狼藉的帕鲁伊特·伊戈居住区，被用定向爆破的方法将它夷为平地。帕鲁伊特·伊戈是按现代建筑国际协会（CIAM）最先进的理想建成的。1951年，这个设计还获得美国建筑师协会（AIA）的奖励。它有雅致的14层板式建筑群；合乎理性的"空中街道"（可免受汽车之害，但结果却是很不安全，是罪案的发生地）；"阳光、空间和绿化"，柯布西埃称之为"都市生活方式的三项基本享受"（取代了他所摈弃的普通街道、花园和半私有空间）。帕鲁伊特·伊戈确有传统方式中的一切合理的物质条件。（转引自《建筑师》(13)，中国建筑工业出版社，1982）

查尔斯·詹克斯认为，"它的纯粹主义风格，清新的有益健康的医院式隐喻，仿佛亦能在它的居民中灌输相应的美德。这种直接从理性主义、行为主义和实用主义教条中接受过来的过分简单化的想法，已经证实就像这种哲学本身一样的不合理。现代建筑，作为启蒙运动的儿子，是它的先天性稚气的继承者。这种天真是太伟大太令人敬畏了，以致不能保证在一本只涉及房屋的书中将它驳倒。"（同上书）

从20世纪60年代末开始，后现代主义建筑首先在美国兴起，然后这种思潮几乎遍及全球。它不仅涉及建筑设计和理论，同时也涉及建筑美学和建筑教育。后现代主义建筑理论及其作品形象，它的审美着眼点，都与过去不同。有一位著名的后现代建筑师文丘里也写了一本书：《建筑的复杂性和矛盾性》（1966年），它的观点与现代主义的以简单为追求目标的观点完全相反。

有人说，后现代主义理论及其作品，建筑专家看不懂，甚至嗤之以鼻；但广大群众却看得懂，而且喜欢，因此被认为这就是它的优点。从20世纪70年代开始，在建筑界（甚至文艺界）众说纷纭，热闹非凡。下面分析一些实例。

二

栗子山住宅，位于宾夕法尼亚州，由文丘里设计（图7-7），1962年建成。设计者自己认为：这是一座承认建筑复杂和矛盾的实例。它

图7-7 栗子山住宅

既复杂又简单，既开敞又封闭，既大又小。某些要素在这一层次是好的，在另一层次又不好。一般的要素适应一般，特殊的要素适应特殊。采用数量不多的要素形成困难的统一，而不是用很少或很多的机动要素取得容易的统一。（引自《建筑师》(8)，中国建筑工业出版社，1981）

三

意大利广场位于路易斯安那州的新奥尔良市，1978年建成，由摩尔·埃斯立及赫德设计。这一广场是新奥尔良市献给该市意大

图7-8　意大利广场

利裔市民的一份厚礼，也是意大利裔市民为怀念祖国、显示传统、增进团结而建的物质象征。这就是此广场的主题。

此广场呈圆形（图7-8），大约1/3是水池，池内伸出一个 8m 长的意大利地图的形象。它由板岩、大理石和鹅卵石等砌成，并布置得高低错落，以表现意大利半岛的实际地形。该市大部分意大利移民来自西西里岛，因而该岛被放在广场的几何中心。水流被分成三股，穿过意大利半岛，代表意大利境内的三大河流。半岛两侧水池则是亚得里亚海和第勒尼安海的缩影。

广场中的圣·约瑟夫喷泉也是表达意大利主题的媒介。这座喷泉是献给意大利居民地方风俗中的家庭保佑神：圣·约瑟夫的，因而在宗教节日里被作为祭坛。周围有弧形柱廊，用不同种类的材料建造，并漆成鲜艳的铁红、黄红、橙红，分别由大券组成的扶壁连接。这些柱子表现了五种罗马式柱式。设计又创造了第六种柱式，即由上述五种柱式拼凑而成。最后面，隐在半圆形柱廊的中心像圣地一般的地方，就是圣·约瑟夫节日的祭坛。它由两个相套着的券门组成，外券由科林斯柱支撑，凹进去的券由爱奥尼柱支撑，复制的意大利半岛的形象就是从这里伸出来的。

意大利广场被认为是后现代主义建筑的一个典型代表，查尔斯·詹克斯对这一作品给予高度评价。他认为，它是"双重译码"的，地方的、商业的，隐喻的或文脉的组成部分以外，还加上现代的组成部分，具有多层次的吸引力。后现代主义建筑美学确有许多特别之处，先要读懂，然后审美。它的许多美学内涵都是通过文化显现出来的。

四

纽约电话电报公司总部大楼，建于1984年。此大楼共36层，高197m，由著名建筑师菲利普·约翰逊设计，见图7-9。

这座建筑用花岗石贴面，底部基座，有开敞式柱廊。中间入口是大拱门，高约24m。

这个作品也是后现代主义建筑的代表作。建筑的顶部做成巴洛克式的断山花形象，底部拱门和柱廊，用的是意大利文艺复兴早期的伯齐教堂的立面形象。大楼的中间部分，用细密的垂直线条，令人联想起美国高层建筑的基本形态。

如果从建筑语言来分析，这个形象无疑是"一篇文章"。它告诉人们，美国文

第三节 后现代主义建筑与建筑美学

化是继承意大利文艺复兴从早期到晚期以及巴洛克发展起来的，有明显的文脉（context）。

五

如果说，后现代主义建筑师强调建筑语言，那么这种建筑形式在设计时，按他们自己的话说，就是在做作文，强调语义。查尔斯·詹克斯在《后现代建筑语言》一书中强调语义学（semantics）。他用一个三相直角坐标演示三种希腊柱式的语义特征，如图7-10 所示，如多立克柱，显示出"男性"、"单纯"、"直率"。

图 7-11 演示几种建筑风格的语言特征。也用三相直角坐标，表达出各种建筑风格的个性。

图 7-12 演示几种建筑材料的语言特征。对每一种材料均用三相直角坐标方法进行分析。

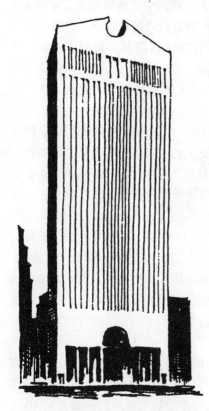

图 7-9　纽约电话电报公司总部大楼

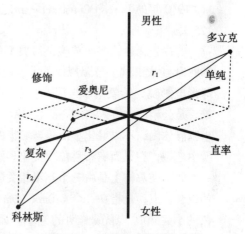

图 7-10　三种柱式的语义分析

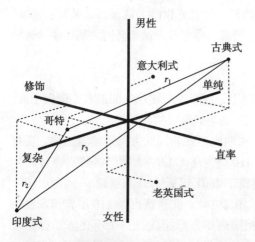

图 7-11　五种建筑风格

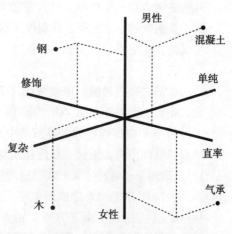

图 7-12　四种建筑体系

第四节　解构主义建筑与世纪之交的建筑美学

一

什么叫解构主义（Deconstructionism）建筑？在《中国土木建筑百科辞典·建筑》（中国建筑工业出版社，1999）中这样解释："建筑中的解构其含义也相当广泛而不易限定，一般说可以理解为对于建筑中的所有设计创作原则（包括对传统建筑、现代建筑和后现代建筑中的固有原则）作完全的消解、错位、颠倒，把本来是统一的、稳定的、有秩序的、和谐的建筑，变成所谓开放的、不稳定的、变异的、无秩序的、不和谐的、无中心含义的、无始无终的全新建筑。是后结构主义（post structuralism）哲学家德里达（Jacques Derrida）的代表性理论。代表性的建筑师有 P·埃森曼（Peter Eisenman）、B·屈米（Bernard Tschumi）等。值得注意的是 P·约翰逊（Philip Johnson）把一些被认为是主要的解构建筑作品叫做反构成主义建筑（Deconstructivist architecture）并认为它脱自俄国早期构成主义（即 1910 年的 Early—Constructivism）建筑，而与当今的解构哲学体系无关。"（第125页）

解构主义建筑产生较晚，最典型的要算巴黎的拉·维莱特公园（由屈米设计），1988 年建成。这个公园规模甚大，内容也很丰富，主要建筑包括：科学与工业城、球形电影院、天象馆、大厅、音乐城等；北端是工作人员住宅区，地铁站设在此处，是公园的主要入口之一。这是一座与传统概念的公园完全不同的公园，它不追求幽静休闲，不以绿化小山等与城市的喧嚣隔绝。相反，它是一座城中之园，也是园中之城，在里面满布科技、文化和娱乐设施。

此园在总体上是由三个互不相关联的、独立的系统合成的，它们是点、线、面的组合。点，是指在一个 120m×120m 的方格网的交点（共 30 余个）上所建的鲜红色的小建筑物，形成鲜明的笼罩全园的网。这些小建筑（点）的造型是在 10m×10m×10m 的立方体上，附加上各种构件，形成茶室、观景空间、儿童室和电子游戏机房。线，是两条互相垂直的长廊，以及一条弯曲盘旋的曲径。前者连接公园的几处主要入口和地铁站，供大量的人流通行，后者则供游人散步，以及与点相连。面，是剩余的小块空间，分别作为嬉戏、野餐、休息等。这个公园之所以说是解构主义的，其主要之点在于"解体"。

二

世纪之交的建筑，还表现在几个动向上，或者说对建筑美的追求，倾向于高、大，倾向于生态等方面。但"高"和"大"如果只是目的，则是误导。

1973 年在纽约建成世界贸易中心，由两座形式相同的方筒形建筑组成，美籍日裔建筑师山崎实设计。每座建筑均为 110 层，高 411m。大楼门口的装饰（图 7-13），倾向于新哥特主义形式。这两座建筑于 2001 年 9 月 11 日被毁。

1974 年在芝加哥建成西尔斯大厦（图 7-14）。此建筑也是 110 层，但高度为 443m。这座建筑平面正方形，由 9 个相同的正方形组成，每个小正方形每边长 23m，其中 2 个小正方形筒高 50 层，2 个高 66 层，3 个高 90 层，最后 2 个高 110

层，既符合结构要求，造型也很美。

上海的金茂大厦（由 SOM 公司设计），于 1998 年建成，88 层，高 421m。马来西亚吉隆坡于 1995 年建成双塔大楼，也是 88 层，但高达 452m。2003 年在台北建成的 101 大楼，高达 508m，可谓"世界之最"。但现在正在阿联酋迪拜建造的"伯吉迪拜"，高达 701m（160 层），不久就是新的"世界纪录"了，据悉"伯吉迪拜"将于 2009 年竣工。不过，建筑并非造得越高越好，这不是建筑美的追求目标。

大空间的发展也很惊人。1964 年日本东京建成的奥运会主体育馆代代木体育馆，内有观众席 16000 座。1966 年建成的休斯敦体育馆（图 7-15），直径达 193m，内可容观众 4.5 万人。1976 年在路易斯安娜州的新奥尔良体育馆，直径达 207m，可容观众达 9 万人。同样，大空间固然令人惊奇，但从建筑美学的角度来说，只追求大，也不是建筑美学的目标。

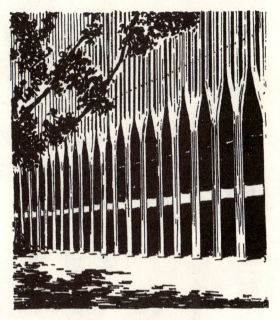

图 7-13　世界贸易中心入口

三

如上所说，高和大的建筑并不是建筑的美学追求，对人来说，建筑的目的应当是"以人为本"，这才是建筑美学的深层次的目的。

20 世纪 60 年代，美国建筑师波特曼提出"共享空间"理论，这正是对人的关怀的表现。当时美国心理学家马斯洛提出人本主义心理学（Humanistic Psychology），他提出需求层次理论（需求分生理需求、安全需求、爱与归属、尊重、自我实现等几个层次，并提出在下一层次实现的基础上才会提出上一层次的需求，如生理需求满足了，就会提出安全需求）。共享空间与人本主义心理学的"尊重"有类似的需求层次。建筑学与心理学在这个时代和社会面前，显现出相同的思潮。作为建筑美学，也应分析这

图 7-14　西尔斯大厦

图 7-15 休斯敦体育馆

样的关系。

四

建筑美学，应当与建筑历史和理论同步。当今的时代，建筑现实、建筑理论和建筑美学，它们的发展趋向是值得关注的。在这里，我们简要地列出下述这些方面。

(1) 建筑功能的变化和类型的调整。例如旅馆，当今已不再只是住宿，其中有好多购物和游艺设施。当今的一些饭店、旅馆，还经常举办展览会、商业活动和其他社会文化活动。因此旅馆不仅要有客房等设施，而且更要有商场、会堂、剧场、陈展空间以及公寓。

(2) 环境观、共享和互尊。环境保护、重视人的活动的空间等，这些观念虽然在第二次世界大战后就强调了，如英国的哈罗城，荷兰的林巴恩中心等；但近年来又有新的变化，例如商场这种形式就有了新的意义。"Mall"原意是林荫道，后来变成了有顶盖的商业步行街，以后又发展到更大的范围和更多的内容。英国的彼得博罗市中心，扩建成一个适合工业、购物和娱乐的市中心。

(3) 地域和民族格局的重组。这两个建筑的特性随着人文的变化和科学的发展，在建筑上渐渐淡化。重组，是从多元文化出发，形成新的不同的建筑形态。

(4) 社会总结构的变迁，其中的一个特点是时尚。社会的时代感，就是随着时代的变迁产生建筑审美要求的变迁。

(5) 高情感与建筑美学的变迁。德国斯图加特美术馆新馆，看起来似乎风格杂乱，多种风格拼凑，但人们喜欢这种形象。有人说它是故事情节式的。这就是现代情态的表述。

(6) 社会的结构变革与建筑新思潮。巴黎的蓬皮杜艺术文化中心、德方斯巨门，纽约的电话电报公司总部大楼等，都在表现着这种新思潮。

(7) 设计的过程和方法也在变革。随着电脑的发展，建筑设计和表述越来越依附电脑了。从更高的层次看，电脑不仅仅是工具，而且也在改变着思潮，改变着建筑美学。

(8) 建筑的内涵也在变迁。如室内设计、城市设计等，都是从建筑设计中分解出去的。将来的设计格局，必然还会有更大的变化。

(9) 人与建筑，从全球性考虑，会发现有好多新的动向。据统计，纪元初，全球总人口只有 15000 万；到了 20 世纪末，全球人口已超过 60 亿。据预测，到公元 2600 年，全球总人口将达到 630 亿！那时，即使把格陵兰、沙漠、南极洲等全部算进去，每个人平均占地面积也只有 $0.23m^2$。人口问题大家都在忧虑。现在有些建筑师已重视这一问题了。

（10）从现实到未来，人们都在关心人类的出路问题。有的人在研究如何向上空发展。到 2008 年，将有 160 层的高层建筑出现（即伯吉迪拜）。其次是向地下发展。据资料反映，日本正在规划一座 500 万人的地下城，建造在地下 50m 处。第三是向海洋发展，建造特大的轮船，成为一个"漂泊的城市"。也有的提出开发沙漠，也有的提出向太空发展。这许多设想，我们还不知道那些建筑是什么样，建筑的美和审美，又将会是怎样。这些问题如今不可能回答。"船到桥头自会直"，那时的情况，我们相信，也是以和谐为美。这就是百世不斩的美学思想。

第八章 中国现当代建筑的美

第一节 中国现代早期建筑的美

一

按照史学的说法，中国近代是从 1840 年（鸦片战争）开始的；中国现代是从 1919 年（五四运动）开始的。但一般说，建筑的历史，中国近代建筑多是从西方建筑东渐开始的，中国现代建筑以 20 世纪 50 年代为起点。

中国近代建筑，从文化上说是新老交替的时期。但这一时期的传统建筑在数量上毕竟不多，重大的建筑也不多，大量兴起的是西式建筑。随着西方文化的东渐，西方的许多建筑（类型），也就在中国出现，如教堂、医院、学校、旅馆、商业建筑、工业建筑以及住宅等。

中国近代建筑与古代建筑不但形式很不相同，它们的类型也很不同。中国古代的建筑类型，有宫廷、衙署、府邸、住宅、园林、商店、作坊、馆驿之类，到了近代则完全不同了。这种不同也是形式的不同，因此从建筑美学来说也大相径庭。当时，随着新文化运动的开展，有些学者也就大量地引进"西学"，在美学上就有梁启超、蔡元培等人，他们介绍西方美学思想，如康德、叔本华、尼采等人的美学思想。中国近代建筑及其美学思想，也就在这个时候出现了。

二

中国近代早期的建筑美学（其实这时没有建筑美学，只有对建筑的审美或美感），在此通过一些具体的建筑做一些分析。

最具有代表性的要算教堂了。从 17 世纪起，随着西方文化的东渐，西方传教士（如利玛窦、沙勿略等）来中国，一面传教，一面介绍给中国许多西方文化和科学知识。如利玛窦，与当时的徐光启（公元 1562~1633 年）讨论数学、天文、历法、地理等。

图 8-1 徐家汇天主堂

上海徐家汇天主堂，最早建于 1847 年，其形式是罗马风的。今之教堂建于 1910 年，属哥特式。教堂平面呈拉丁十字式。教堂正面朝东（图 8-1），外墙用红砖清水，墙基用青石，大堂进深达 79m，宽 28m，中间有两排列柱，柱用的是哥特式建筑惯用的"束柱"形式。地面用方砖，顶脊呈尖拱状，脊高离地 25m。立面的正中有大玫瑰窗，两边对称地设置尖塔钟楼，离地达 50 多 m，顶端均设十字架。大堂内共有柱 64 根，用的材料均系金山石。从建筑美学的角度来说，这个形象出于"模仿"，即学习西方古代哥特式建筑。从审美来说学得越标准、规范，就越到位，越好，没有什么创造可言。这正是古典美学的准则。

上海董家渡天主堂，建成于 1853 年。教堂由西班牙传教士范廷佐设计。立面属巴洛克风格。立面上有上下两条水平檐横线，下部用 8 根爱奥尼式倚柱，两柱一组，共四组，沿用巴洛克建筑所惯用的双柱廊手法，加强了立面的装饰作用。大门设左、中、右三个，中间的门略为高大，而且门的上方有弧形曲线，以示突出主体及中轴线。3 个门的上方均有窗，以增强垂直线的力度。在上下三段式的中间部分，只有两端塔楼设百叶窗，中间为山墙面。正中一个圆钟，以取代西方教堂立面上惯用的玫瑰圆窗。山墙左右两边用对称的曲线作为外轮廓，使人联想起西班牙巴洛克式教堂的形象。顶部山花上垂直书写"天主堂"三个中文字。最高处一个拉丁十字架。

三

医院这种形式对近代中国来说也是外来的。中国古代没有医院，只有药店。中药店叫"堂"，如北京的同仁堂，杭州的胡庆余堂，上海的童涵春堂等。医院与中药店，其实是两种完全不同的医疗系统。中国传统的治病方式是病人在家，请郎中到家里来诊病，然后开药方，由家里的人去药店里撮药（买药），然后回家煎药、吃药；西方传统的治病方式则是病人去医院（教堂）诊治（西方古代也没有医院，是附属在教堂里的，属慈善机构。到了近代才有医院）。当然中国传统的治病方式，也有病人到中药店里去就医问药的，药店里有郎中，为病人诊病叫"坐堂"，所以中药店叫"堂"。

上海广慈医院初建于清光绪三十三年（公元 1907 年），是教会医院，位于瑞金二路绍兴路口。广慈医院的几座建筑，其风格是不统一的，有古典式的，也有现代派的。其中三等病房和维多利亚护士宿舍是一座钢筋混凝土结构的现代主义风格的建筑，利用外走廊和阳台，形成强烈的水平线条。比例匀称、虚实得体，是一座比较优秀的现代建筑。

四

学校也是近代中国才出现的，中国古代的教育体系是私塾、庠序、书院等。清朝末年，提倡新学，开办学校。光绪三十一年（公元 1905 年），下诏"立停科举以广学校"，科举制度废除，学校如雨后春笋般地创办起来了。

学校的建筑形式与私塾、书院等也完全不同。以上海中法学堂为例，看看学校建筑及其建筑美。

中法学堂坐落在上海法租界公馆马路、敏体尼荫路（今金陵东路、西藏南路）。清光绪十二年（公元 1886 年），法租界公董局萨坡赛因为法租界里的中国巡捕不懂得法语而引出事端，难以维持好治安，所以向公董局提出，建议办一所专教法语的义务学校。于是公董局同意，由萨坡赛等组成委员会筹建学校。此校专收中国学生及法租界华捕（警察）学习法语，校名叫"法语书馆"。

中法学堂校门本开在今西藏南路，进门有长廊，大门内北面一间是校长室。这座建筑共3层，一、二层是教室，三层为修士宿舍，还有活动室及图书馆。平面呈"凸"字形，分中部及左、右两翼，中部走廊两面是教室，两翼只是北面有教室。中部及西翼建于1913年，东翼建于1923年。中法学堂的建筑造型颇有特色，对称中轴线布局，形式以罗马风和新艺术派为主，属折衷主义风格。红砖清水外墙，比较端庄。窗上增设百叶窗。

五

旅馆、饭店这类建筑也出现于近代。中国古代也有类似旅馆的建筑，叫"驿馆"、"逆旅"（《庄子·山木篇》中有："阳子之宋，宿于逆旅。"）等，不过建筑形式仍是多进四合院式。近代中国出现的旅馆、饭店，也是从西方引入的，首先产生在租界。上海最早的大型饭店，在南京东路外滩，汇中饭店（Palace Hotel），今仍为原物，但名字改为和平饭店南楼。这座建筑形式为文艺复兴和英国近代早期风格的混合，有人称之为折衷主义风格。汇中饭店建于1906年，砖石结构，建筑外形非常动人。门窗形式有圆拱形、平拱形及三角形等，富有变化，但总体上却又很统一。色调红白相间，具有较多的意大利文艺复兴建筑特征。建筑共6层，平顶。顶上设有屋顶花园，园中有凉亭，可以眺望黄浦江及两岸景色。1914年顶层失火，经大修后将顶上的塔楼去掉，完全变成平顶。如今顶上的凉亭塔楼已修复。此建筑的室内做得比较豪华，底层用作餐厅、会场等，上面5层均为客房，形式多样。汇中饭店内的电梯是我国最早使用的电梯。

第二节　20世纪30年代中国建筑及其美

一

20世纪30年代，中国的建设也曾有过一个"小高潮"，特别是在上海，当时大量建造住宅、商店、银行及其他各类建筑。

与中国古代不同，当时的居住建筑，不以人的社会等级、官品来分类，而是以经济和社会地位来分类。以上海的住宅为例：最富有的人家住独立式别墅，然后是高级公寓，接着是花园式里弄、石库门普通里弄，然后是大杂院、棚户、"滚地龙"等等。

独立式别墅多为资本家居住，如位于今北京西路铜仁路的吴同文住宅（图8-2）。此建筑建成于1937年抗战前夕。建筑外墙贴绿色面砖，钢筋混凝土结构，共4层，宅前有小花园。这座建筑内容丰富，装饰豪华，设施齐全，当时称得上是上海滩最豪华的现代派住宅之一。建筑内部除了设有大小起居室、客厅、餐厅、日光室、主人卧室、梳妆间、浴室、储物间、中菜和西菜厨房、备餐、账房、保险库、仆人用房、洗衣房、门房、车库外，在底层还专门设有宴会厅、舞厅、弹子房、酒吧间，在顶层设有棋室、花鸟房等。屋主人的太太笃信佛教，所以宅内还设有佛堂。

图 8-2 上海铜仁路吴宅

其他如延安中路陕西南路的马勒住宅（图 8-3）、瑞金二路永嘉路的马立斯住宅、西郊的沙逊别墅等，也都是很豪华的别墅。

上海厦门路尊德里是一个比较典型的里弄房子。这个房子本来是独家使用的，住起来比较舒服。但 20 世纪 60 年代后，这里人口越来越多，最多时达 11 家，50 余口，拥挤不堪，失去了原来的功能意图。

大宅院就是一座房子里住几十户人家，是社会底层人家居住。上海滑稽戏《七十二家房客》，住的就是这种房子。棚户更简陋，多为北方难民居住。所谓"滚地龙"，是捡来几根旧毛竹，两头插入地下，拱起来，矢高约 1.5m，上面铺几块破油毡，里面地上铺破席子。这里居住多为外地逃荒到上海的人。刮风下雨，气温骤降，均难以忍受，惨不忍睹。

二

中国近代的大型商业建筑，主要集中在上海、天津等大城市。上海南京路，当时有"四大公司"。其中又分"前四大公司"和"后四大公司"。"前四大公司"即福利公司、泰兴公司、惠罗公司、汇司公司。"后四大公司"即先施公司、永安公司、新新公司、大新公司。在此以先施公司（图 8-4）和永安公司（图 8-5）为例，来看看当时的商业建筑。

上海南京东路浙江中路交叉处，有两座大型商业建筑：先施公司和永安公司。先施公司于 1917 年建成营

图 8-3 马勒住宅

第八章 中国现当代建筑的美

图 8-4 先施公司　　　　　　　　图 8-5 永安公司

业,永安公司比它晚一年。由于这两家公司营业性质相同,又靠得很近,所以必然有竞争。永安晚于先施,欲后来居上,于是就在建筑的高度上着手,建6层,比先施公司高1层。先施公司不甘示弱,立即加建2层,比永安公司又高出1层。永安见此便立即做出反应,就在沿南京东路一侧的建筑顶上建造一个小建筑,形式玲珑,取名也很有意思,叫"倚云阁",是个休闲性的空间。此阁建成后,顾客纷纷慕名前往,欲一睹为快。于是先施公司也就在南京东路浙江路转角处的屋顶上加建3层高的空塔,名曰"摩星塔"。这塔的高度超过永安公司的"倚云阁"。

竞争还没有完。永安公司又生一计,他们在浙江中路东侧面对永安公司处又造起一座新楼,即"新永安",建成于1933年,楼高22层,其形式为当时美国流行的现代派高层建筑形式。此楼建成后可谓鹤立鸡群。直至后来抗战爆发,他们的竞争也就到此为止。

三

医院和学校,在这个时期继续发展。当时上海有公济医院、仁济医院、中山医院、宏恩医院及虹桥疗养院等。

虹桥疗养院位于上海西郊,建成于1934年。这个医院的建筑及设备,都属当时世界上先进水平。主要建筑呈阶梯状,病房都为朝南,阳光可直射房内,并装有新式的暖气设备。该院门窗、墙壁不是单纯的白色,如手术室的内墙面及门窗等,用的是淡绿、淡青色。动手术时,医生和护士穿的衣服也用这种颜色。据科学研究,医生在动手术时由于长时间紧张工作,视觉疲劳,长时间见红色血液,把视线移向蓝、绿色物体,正好是红色的补色,可以减轻视觉疲劳。院里的医用无影灯、冷光、X光机等医疗设备，也都是当时最新型的。手术室及走廊都用橡胶地面，以利消毒并减少噪声。

虹桥疗养院有两幢主要建筑物，一幢为4层，另一幢为1层，均为钢筋混凝土结构。疗养院可容百余病床。两幢建筑平行地布置在大片绿地上，为现代建筑风格，重视功能布局和使用效果，形态简洁，可谓我国近代建筑中的优秀者。

这期间的学术发展得也比较迅速。复旦大学是我国一所著名的高等学府。"复旦"之名，有"复建震旦"之意。同时也是根据《尚书·虞夏传》中的"日月光华，旦复旦兮"之意。复旦大学成立于1905年，最初的校址在吴淞，1929年迁至邯郸路（今址）。"八一三"事变后，校舍被日军所占，复旦大学逃往江西、贵阳、重庆等地。抗战胜利后迁回上海原址，目前学校内还保留好几座原来的建筑。

四

1895年电影诞生，1905年，中国也有电影了。电影院建筑也就在上海、天津等大城市出现。但真正的电影院建筑，还是在20世纪20年代末才建造起来。当时在上海有几座比较高级的电影院建造起来了，大光明大戏院（公元1933年）、国泰大戏院（公元1931年）、南京大戏院（公元1930年），大上海大戏院（公元1933年）等。

大光明大戏院即今之大光明电影院（图8-6）。此建筑由著名建筑师乌达克设计。建筑的外形以大片乳白玻璃做成的长方形高塔作为标志性形象，外设英文Grand Theatre，内装灯，夜间灯一开，十分辉煌。下面入口处有大型雨篷，也相当夺目。建筑立面采用横、竖交错的约70cm见方的黄绿色大理石组合起来，形态如同抽象雕塑。从建筑流派来说，当属20世纪30年代国际上比较流行的现代装饰派。

大光明大戏院的门厅也十分豪华，用12扇高大的钢框玻璃门，大厅宽敞明亮，进门正前方有对称布置的两座大楼梯直通二层。楼上休息厅全部铺设地毯，还有喷水池，不断喷出水柱，在灯光照射下显得五彩缤纷，格外华美。楼下入口处也有类似的喷水池。

南京大戏院在上海今延安东路龙门路，现改为上海音乐厅。从建筑形式上说，这是一座古典复兴式建筑。这种建筑风格，19世纪下半叶在欧洲较流行。外墙材料下部用汰石子，上部用红釉、褐砖。入口处有大雨篷。自台阶上，一个平台，6扇大门。二、三层在外立面上用3个巨大的半圆拱窗，4根爱奥尼柱，形成浅柱廊，具有文艺复兴建筑风格。柱头上为横梁，再上面是高达3m的巨型

图8-6 大光明大戏院

横幅浮雕,宽占 3 间,不但具有古典风味,而且与戏院极为配合。浮雕上部有水平檐部,檐部之上又一层,作为顶部的收头,上设 6 个小窗,使立面形象实中有虚。上、中、下形成古典主义建筑的三段式构图。柱廊两端为实墙,墙下左右各设圆拱窗,也是实中有虚的建筑艺术效果。墙上部各设一个圆形的浮雕图案,起到装饰作用。

2002 年底,为了地铁和轨道交通线的布局,上海市政府决定将这座上海近代优秀建筑整体平移 66m,并整体提升 3.38m。此项工程已顺利完成,上海音乐厅在新的位置上已使用 2 年了。

五

中国近代建筑从类型来说是相当多的。银行,在中国古代称"票号"、"钱庄"。所以银行建筑是从近代开始的。上海近代有许多银行,我们在此只说其中的一个:位于外滩的汇丰银行。

汇丰银行最早于 1864 年创立于香港,次年在上海设立分行。如今位于外滩的汇丰银行建筑,建成于 1923 年,如图 8-7 所示。

这座建筑用古典主义形式。建筑的正中以半球顶形成构图中心,下为 5 层,纵横均分 3 部分。纵向是上、中、下三部分,上面是第 5 层,下面一个檐,以一条强烈的水平线做分隔,下面即是中部,自上而下为 4~2 层,然后又是一条强烈的水平线与下部分开。下部为底层,较高,几乎占一层半的高度。这种构图关系就是西方古典主义建筑构图的"三段式"法则,以严格的 1:3:2(自上而下)的比例关系组成。横向所分 3 部分为:中间双柱廊,左右两翼。主次分明,重点突出。正门 3 个罗马式拱门,比例为严格的古典主义式,即拱门高是圆拱直径的 2 倍。拱门上部双柱廊,有 6 根科林斯式巨柱构成,具有层次感,使主体更为突出。

位于汇丰银行北侧的又是一座著名的中国近代建筑:上海海关(图 8-8)。此

图 8-7 上海汇丰银行　　　　　　　　　　　　图 8-8 上海海关

建筑建成于1927年，即今之建筑。这座建筑规模较大，分东、西两部分，东部主立面朝东，高8层，上有3层高的钟楼，方形平面，四周对称，均设钟面，所以建筑总高为11层。西部一直伸至四川中路，高5层。此建筑用钢筋混凝土结构，外立面饰以花岗石，做法为西方近代盛行的新古典主义式，看起来庄重、坚固，很受人喜欢。但从整体风格来说，应属折衷主义。它的上部垂直线较为明显，有点倾向于新哥特主义，但又融以文艺复兴惯用的水平挑檐。建筑细部则有新装饰主义的特征。下部柱廊用4根希腊多立克柱（这是我国近代建筑中做得最标准的希腊多立克柱式）。又加上它用纯直线、平面形态，所以也含有某种希腊复兴式的倾向。多种建筑风格的组合，所以从整体上说还是折衷主义的。

第三节　20世纪中叶的中国建筑及其美

一

1949年10月1日，中华人民共和国成立，从建筑来说便是中国现代建筑的开端。但新中国建立之初，百废待兴，其建设的重点还是在工业建设和住宅方面，至于建筑艺术或建筑美学，还不是主要的着眼之处。后来又有抗美援朝等，所以一直要到1953年（也是我国第一个五年计划实施的头一年），才开始注意到建筑的文化艺术方面。

这个时期最具有代表性的建筑，就是被称为建国十周年的北京"十大建筑"。这十大建筑是：人民大会堂、中国革命博物馆与中国历史博物馆、中国人民革命军事博物馆、民族文化宫、民族饭店、北京火车站、北京工人体育场、全国农业展览馆及华侨饭店。

人民大会堂（图8-9）建成于1959年。这座建筑面积达17万m²，但连设计带施工，只用了10个月时间，可谓世界建筑工程上的奇迹了。人民大会堂包括万人大会堂、大宴会厅和人大常委会办公楼三部分。大会堂宽76m，深60m，高32m，里面可容万余人开会。人民大会堂造型雄伟壮丽，富有民族特色。主立面朝东，中间柱廊，12根高约35m的巨柱，十分庄重。

北京火车站也是"十大建筑"中的优秀作品之一。建筑面积近9万m²。车站正面中间是3个大拱，下面大玻璃窗，两边是钟塔，顶上是攒尖重檐屋顶，表现出民族形式。钟面直径达4m，形成北京火车站的标志形象。建筑正面宽218m，两个端部顶上也作攒尖顶形式，使建筑形象统一而完整。

其他如民族文化宫、全国农业展览馆等，当时都认为是造型相当不错的建筑。

图8-9　北京人民大会堂

曾有人说民族文化宫这个建筑形象"百看不厌"。然而如今我们看这些建筑，说不上有什么特别好看。什么原因？从建筑美学来分析，有些"过时"了。也许，今天我们感到美的新建筑，过了不多久也会有同样的"过时"感。这就是建筑的时代性。因此，建筑（指的是艺术性）是难的。要使技术不落后或功能不过时，尚可着墨；要使建筑造型不过时，也许不易捉摸，还需从建筑美学去深究，当然更离不开创作实践。

二

20世纪60年代以后，有两个情况值得注意，一个是经济困难，另一个是思想的极左。这种情况一直到"文革"以后70年代末才渐渐消失。从建筑美学来说，思想的极左弄得人们哭笑不得。这里说一个长沙火车站设计方案的故事。

相传在"文革"后期，长沙火车站要改建、扩建，请一位搞建筑设计的同志主笔。过了一段时间，设计者把设计方案拿出来，让领导和审查委员会审查方案。大家一致认为这个设计方案做得很好，也有可行性。不料当评审会快要结束时，突然冒出一位"革委会"的领导，他手指着设计图说，屋顶上的火炬设计得不妥，它刮的是西风。问题严重了！大家似乎都紧张起来，结果决定要设计者修改。设计者便将火炬反过来画，刮的是东风。但审查还是通不过，说是火炬"倒向西方"，仍要设计者改。设计者冥思苦想，终于想出一个办法：将火炬的火苗向上。大家觉得很满意，方案总算通过了。还表扬了设计者，肯动脑筋。火车站造好后，有一位群众问"顶上的东西是什么？"另一位说："是个红辣椒吧。湖南人最爱吃的就是这个。"

当时的所谓"建筑艺术"，就是要强调政治性、阶级性，所以好多重要的建筑，在上面都要放置红五星，写标语、口号。

三

20世纪70年代后期，渐渐有一些值得注意的建筑出现。一是北京的毛主席纪念堂。此建筑位于天安门广场中轴线上，建于1977年，是一幢长和宽均为105.5m，高33.6m的正方形平面的建筑。它的中心距人民英雄纪念碑第一层平台的南台和正阳门城楼北边均为200m。

纪念堂正立面朝天安门（朝北），与天安门、人民英雄纪念碑及人民大会堂、中国革命和中国历史博物馆形成一个整体。纪念堂建筑轮廓方方正正，重檐屋顶，线条简捷刚劲，建筑色调庄重，与周围建筑和环境十分和谐。

四

上海体育馆也是这一时期的重要建筑。此建筑位于上海市西南，是由比赛大厅、练习馆、运动员宿舍、食堂及其他附属建筑组成的大型室内体育设施。此建筑1972年开始设计，1973年动工，1975年竣工。比赛馆是个圆形平面的建筑，直径114m，屋盖最高点为33.6m，建筑面积31000余平方米。比赛馆屋盖采用平板型三向空间钢管网架结构，形态协调、美观。30年过去了，现在看来还不见得过时。

第四节 世纪之交的中国建筑与建筑美

一

20世纪80年代初，中国在"改革、开放"的形势下，建筑不但加快步伐，同时开始讲究建筑美，重视建筑美学了。广东首先开始，然后是北京、上海及全国许多大中城市，优秀作品多起来了，令人欣喜。

首先说广州的白天鹅宾馆。此建筑建成于1984年，1985年被"世界第一流旅馆组织"接纳为成员。此建筑主楼高100m，共34层。这座建筑的特点是空间组织得很好，特别是中庭空间，被认为是做得很优秀的共享空间。

其次说广州的另一座著名建筑，中国大酒店，1985年建成。这座建筑被认为是"在有限的土地空间限制下（其高度受航空线的限制），得到最大的使用空间，并有相应水准的环境质量"。设计者的手法是"外封闭，内开放"。建筑内外均采用暖色调，并结合传统形式，形态很和谐。

二

这一时期上海的优秀建筑甚多，首先说东方明珠电视塔，见图8-10，此建筑位于上海浦东陆家嘴，与浦西的外滩隔江相望。此建筑于1994年建成，总高468m，是当时全国最高的建筑。此建筑由3条竖塔和3个球体空间组成，下面2个大球，其直径分别为50m（下）和45m（上），最上面的球直径16m，3条竖塔中间还有5个小球，下面的3根斜撑也有球形物，故整座塔共有11个球，被誉为"大珠小珠落玉盘"。此建筑已成上海新的标志性建筑。

金茂大厦也位于上海浦东陆家嘴，共88层，高421m，于1998年建成。这是一座多功能综合性建筑，其中有办公、旅馆、展览、会议、观演及购物等用途。主楼拔地而起，裙房置于一边。主楼下部是办公，直到52层。第53层为技术层，第54~87层为旅馆，即五星级的凯悦大酒店。顶上88层为观光层。人们在此，大上海景物尽收眼底。大酒店中间部分是空的，是个高大的中庭，高达153m，为世界

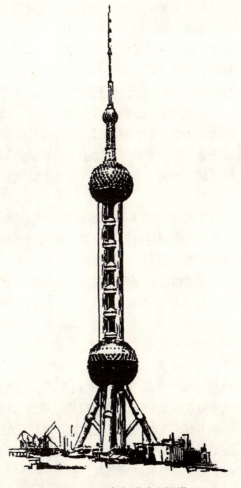

图8-10 东方明珠电视塔

最高之中庭。金茂大厦的外形很像我国古代的宝塔，设计者（美国 SOM）匠心独运，创造了一种现代中国的、不失传统文脉的建筑形式，而且为人们所接受。

三

上海大剧院位于人民广场的西北隅，此建筑建成于 1997 年，由法国建筑师夏邦杰设计。上海大剧院造型独特，观众厅可容 2000 席，其条件完全能满足全世界一流的歌剧、芭蕾、交响乐等剧种的演出。此建筑的屋顶做成反凹曲面，形式独特，个性很强。

浦东国际机场建成于 1999 年。这个建筑除了具备功能分区合理和流程简捷的现代高效率的特点外，还具有一些现代国际大型机场的特点，如开发的时序性和可持续性，对周边环境的重视，航站的开放性、明快性、通透性等。这一机场长 402m，宽 128m，用前列式布局，共有近机位 28 个，远机位 11 个。这座建筑在艺术造型上，运用了隐喻手法，那些曲面形的屋盖，蕴涵着展翅飞翔的意思，但它的建筑不是勉强拼凑的。它也意象出"腾飞"的主题。它在室内处理上也很有特色，那些巨大的曲面顶盖，却用了轻巧的支撑和拉杆，好似装饰，其实是结构。

四

北京在新世纪里有许多新作品问世。国家大剧院，这是个较新而大胆的形象，也是新的思路。这个形象应当说是很成功的。但方案一出来，就被许多业内外人士批评，费了许多周折才开工建造。其实这个方案也确实有些问题，不是说方案本身不好，而是置放的地方不妥。有一位著名的建筑学教授认为，这个方案很好，但放在离天安门那么近，离北京故宫中轴线那么近，这就欠妥了。如果把这个建筑放在北京古城外面一点的地方，确实是个不错的形象。但如今已生米煮成熟饭。所以，建筑美学也有个实用问题，建筑美学提出这样一个理论：要从整体出发，不能只就某个建筑本身来谈论它的美或它的优点。一幅画、一个雕塑作品（城市雕塑除外）可以挪来挪去，而建筑一旦建成，就固定下来了。因此必须要慎重。

五

2008 年北京要举办奥运会，这是在我国历史上首次举办如此重大的运动会。办奥运，就要建造体育场馆。奥运会主体育场规模甚大，可容近 10 万观众。主体育场方案很新奇，它既是造型又是结构，形象别致，人们形容它为"鸟巢"。这个设计方案也引起好多争论，现在总算定下来了，并已着手建造了。另外一座是"国家游泳中心"，形式也很别致，外形是四四方方的一大块，在表面不停地淋水，所以人们称它为"水立方"。

近年来北京又将建造一座新的中央电视台大楼，由荷兰著名建筑师库哈斯设计。这座建筑形象更特别。此建筑坐落在北京新中央商务区（建国门外），大楼共 55 层，高 230m。其形象是两个塔楼，其上、下用反折形连接体连起来，看起来好像会倾覆，很惊险。但这只是"表演"，其实在结构上是绝对没有问题的，因为它在地下有 3 层与高空对应位置，保证它的重心在基地之中。方案一出来，当然也议论纷纷，不知情的人十分担忧：万一倒下来怎么办？其实是不会倾覆的。这也许称得上是"新表现主义建筑"吧。

下 篇

建筑美学与建筑

第九章 造型

第一节 立面形象

一

几何分析法是研究建筑造型的方法。何谓几何分析？顾名思义，就是用简单的几何图形来分析或控制建筑形象，使它符合形态的逻辑性。如正方形、长方形、正三角形、等腰三角形、圆、圆弧曲线等，以及这些图形的内部划分得很有规律的线条，使造型好看，轮廓匀称，比例得当。

因此，我们通过一些建筑实例来作分析。如图 9-1 所示，三个门，上面开小窗，哪一个更好看？(a) 小窗的形象到底是正方形还是长方形？似是而非，不妥。(b) 小窗的形象与门的形象重复，也不甚妥。(c) 小窗的形象与门的形象比例相同，但一竖一横，应是最好的一种。

又如图 9-1 中的柱廊，廊的整体比例与每一柱间的高宽比相一致，就使这个形象显得很有秩序、和谐。柱廊在建筑中经常会遇到，无论古今中外，都是如此。前面说的萨伏伊别墅下部的柱廊（柯布西耶设计）或西格拉姆大厦下部的柱廊（密斯·凡·德·罗设计），都是这样的比例关系。

二

古希腊的建筑为什么美？按照古希腊哲学家亚里士多德（公元前 384~前 322 年）的理论：和谐就是美。古希腊建筑的美，就在和谐。建筑怎样才能和谐？其中之一就是它们的几何关系很明确，很有逻辑性。

图 9-2 是古希腊著名建筑波赛顿神庙。从图中可以看出，它的顶点到两边的地面连线，构成一个等边三角形，还有一个半圆。

图 9-3 是另一座古希腊著名的建筑——帕提农神庙。这座建筑的正立面构图，是利用一种数学关系来解，即如图 9-4 所示，一种最佳的关系是 2.236:1，或 $\sqrt{5}$:1。

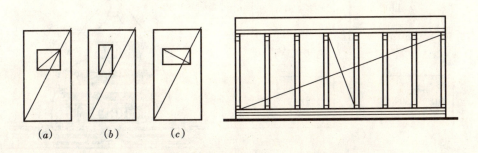

图 9-1 门上的窗子和柱廊的划分

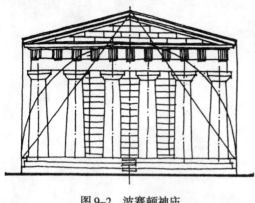

图 9-2　波赛顿神庙

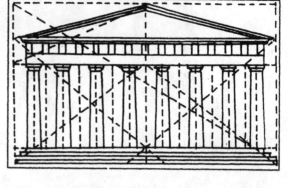

图 9-3　帕提农神庙

据哈木林《构图原理》(The Principles of Composition) 一书中所述：(a) $\sqrt{5}$ 矩形：高为1，斜边即为 $\sqrt{5}$；(b) 黄金比例的矩形；(c) $\sqrt{5}$ 的矩形包含一个黄金比的矩形及其倒数的矩形；(d) $\sqrt{2}$ 的矩形；(e) 同是 $\sqrt{2}$ 的矩形，但分隔不同；(f) $\sqrt{5}$ 的矩形的细分。每一种矩形都很容易用纯粹图解的方法加以决定，如 (d) 的长边是正方形的对角线等。

三

中国古代建筑也可以进行几何分析。有些优秀建筑，用几何分析的方法也能得到解释。虽然古人在设计房子时绝对不用这种方法，但其结果能经得起这种美学分析，这或可叫殊途同归吧。

北京天坛祈年殿，如图 9-5 所示，这座很美的建筑，也可以用几何分析的方法来分析它的美在何处？如图所示，从建筑的顶点到三层檐的外面各点，四点连起来，是一条圆弧曲线，右边的圆弧线与地面相交的一点，正好是左边圆弧线的圆心。其逆亦然。这就是形的和谐。古希腊哲学家亚里士多德的和谐美学理论，可以解释这座建筑的形式美。有些画家不知道这种奥秘，所以在对天坛祈年殿作写生画时，总是觉得自己画的形象没有实际的建筑好看，殊不知这其中有一层几何形的和谐关系。

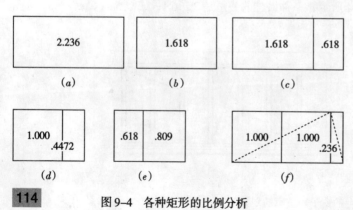

图 9-4　各种矩形的比例分析

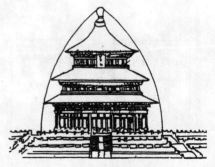

图 9-5　天坛祈年殿分析

四

中世纪文化虽是基督教文化,但他们也讲究美,他们巧妙地将美与宗教结合。神学家兼美学家托马斯·亚昆那著的《神学大全》中说:"美有三个因素,第一是一种完整或完美,凡是不完整的东西就是丑的;其次是适当的比例或和谐;第三是鲜明,所以着色鲜明的东西是公认为美的。"(引自沈福煦《美学》,上海,同济大学出版社,1992)他认为最美的就是"上帝"。

图9-6是西方中世纪哥特式建筑上的尖拱窗,其中的比例关系也是和谐的。图9-7是巴黎圣母院正立面。这个正立面就是根据黄金比的和谐关系构成的。

所谓黄金比,也叫黄金分割,即1:1.618,或0.618:1。两者的比例是一样的,几何学上称"中外比",图9-8是作图方法。巴黎圣母院正立面就是由8个小矩形合成一个大矩形构成的,它们的比都是黄金比。

黄金比是古希腊哲学家毕达哥拉斯(公元前580~前500年)研究出来的。后来人们由此在建筑、绘画、音乐等领域应用,都很有成就。有研究认为,人体之所以美,也正是由于符合了黄金分割——上半身和下半身之比就是1:1.618。不合这个比例者,不美。也有人认为音乐中的和声,其琴的弦长之比也是黄金比,所以演奏时好听。

五

几何分析的方法从古希腊、古罗马、中世纪、文艺复兴,延续到18世纪古典主义时期的建筑,添加了许多理论和手法,使这种理论更为完整。巴黎卢佛尔宫东立面建于18世纪,这个形象之所以美,就是在于它的上、中、下三段的比例关系,自上而下的高度之比为1:3:2。巴黎的雄师凯旋门之所以美,也是由于它在几何关系上合乎逻辑,如图9-9所示。同样,巴黎的圣·丹尼斯门也是如此,如图9-10所

图9-6 哥特式尖拱窗

图9-7 巴黎圣母院正立面

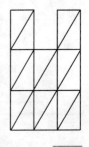

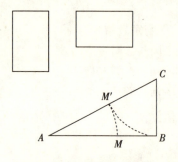

图 9-8　黄金比的几何关系　　　　图 9-9　雄师凯旋门　　　　图 9-10　圣·丹尼斯门

示。哈木林认为：算术上的或数学上的比例关系控制了这个设计的所有主要线条。二边和底部的比例尺说明他们是怎样进行划分的。这样，主要大门的高为其宽度的二倍，而门宽是总宽的三分之一，檐部的高度为总高的六分之一，柱子的水平高度是总高的一半，基座是总高的四分之一等，直到最小的细部（哈木林《构图原理》）。

六

现代建筑也可以作这样的分析，如图 9-11 所示，这是坐落在上海人民广场上的上海大剧院，这个立面也很美，人们较为喜欢。其实从几何分析的方法，可以用两个三角形：下部是正三角形，使形象具有庄重感；上面以反向的直角等腰三角形，两端的直线与两尖角相切，使这个形象有舒展感。这两种形象，正是作为大剧院特征的性格。

在现代著名建筑师勒·柯布西耶的巴黎奥赞芳特工作室（图 9-12）的设计中，作者使用指示线（平行及垂直对角线等）来决定其立面形象。这说明抽象的几何关系，无论是古代建筑还是近现代建筑，都可以对建筑形象进行造型分析。美即和谐。

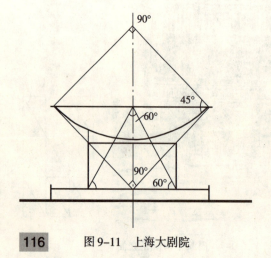

图 9-11　上海大剧院　　　　图 9-12　巴黎奥赞芳特工作室

第二节 立体形象

一

尽管现代建筑也能用几何方法来作造型分析，但现代建筑的审美重心，已经从平面中走出来，走向立体和空间了。因此作为对建筑美的研究，更有必要作立体形象的分析。

图9-13是芝加哥的西尔斯大厦。如前面所说，它是由9个方柱筒组成：2个高110层，3个高90层，2个高66层，2个高50层。高低错落，形态生动，而且也符合高层建筑的种种技术要求。从立体造型来分析，它的构成是很简洁的，不同高度的方柱筒组合起来，形态很美。也有人说它有"步移景异"的审美效果。

同样，香港的中国银行大厦也用这个方法构成，只是它不用方筒，用的是三角柱筒，四个直角等腰三角形筒合成一个大正方形筒。用不同的三角柱筒完成富有变化的造型。人们对这个建筑很赞赏，被誉为"芝麻开花节节高"。

二

澳大利亚悉尼歌剧院，共三座建筑（歌剧院、音乐厅、餐厅），10片帆形屋顶，这种组合也是立体造型构成手法，看起来很有统一、和谐之美感。

更甚者是加拿大蒙特利尔的"67号"住宅（图9-14）。这是加拿大1967年蒙特利尔国际博览会建造的一座样板住宅。设计者试图让人们在人口稠密的区域得到舒适的环境，每户都有户外场地，能享受到新鲜空气和充足的阳光，加之庭前绿化，犹如置身大自然之中，情趣无穷。

三

从单体形象来说，使造型符合变化与统一的形式美效果，这是最为重要的。图9-15是墨西哥花田市洛斯·马纳蒂科斯餐厅。其屋顶由8个双曲线抛物面连起来组成。

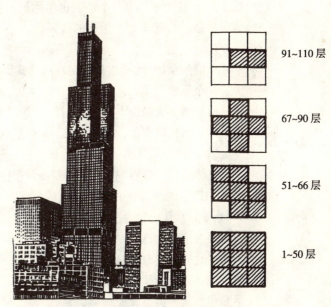

图9-13 西尔斯大厦分析图

图9-14 蒙特利尔"67号"住宅

第九章 造型

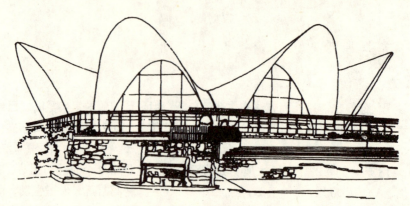

图 9-15　洛斯·马纳蒂科斯餐厅

这个形象很奇特，很有个性。也像悉尼歌剧院一样，由形态相同，方位不同的形体有机地组合起来，产生美的效果。

四

印度的泰姬·玛哈尔陵可谓众所周知，它是"中古七奇"之一。从立体造型来说，这个形象之美，还出于它的整体感，如图 9-16 所示，这个整体造型是隐含着的，它形成的大轮廓与单体的屋顶形象相同，这也是它的变化与统一的美之所在。而且表现得比较含蓄，一经点破，趣味更浓。

五

立体造型，贵在统一。从建筑设计手法来说，变化易，统一难。初学建筑设计者不知道这个道理，总想把自己的方案多变化，结果七拼八凑，不成体统。如图 9-17 所示，是初学者所作的建筑设计方案。这个方案之失败，一目了然。要使建筑方案在造型上达到完美，一个最根本的方法是努力使它有统一感，在统一的基础上求变化。近年来，在建筑设计方法学上产生"类型学"（Topology）理论。如果我们把这种理论简化、通俗化，就是将形体进行分类，努力使自己的作品在造型上尽量做到同一类型。

图 9-18 是立方形，它的"母题"就是一个正立方形，从这个形体出发，可以变长、变高、变扁、变大、变小、变虚、变实等。"类型学"其实就是从数学中的"拓扑学"（Toplogy）变化过来的。

图 9-16　泰姬·玛哈尔陵

图 9-17　失败的造型

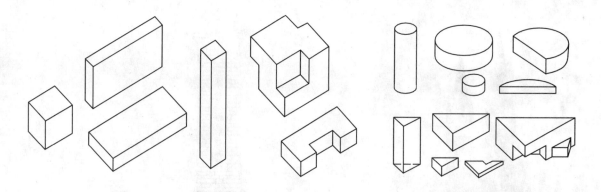

图 9-18　立方形母题及其变形　　　　图 9-19　三角柱和圆柱母题及其变形

图 9-19 是三角柱和圆柱的变化，它们的变化法则都是一样的。大体说，只要我们把握住以下这些变化手法，基本上就能控制建筑造型。这些变化手法是：大小、宽窄、高低、厚薄、虚实、位置、方向、色彩、质地等。

第三节　建筑的轮廓线

一

建筑的轮廓线一般是指其外形轮廓。轮廓线是建筑最强烈的形象，起到控制形态的作用。例如前面所说的泰姬·玛哈尔陵的形象。图 9-20 是塔的外轮廓，优美动人。这个形象也使我们联想起中国佛教的世俗化的精神实质。

图 9-21 是哥特式建筑的形象，它把原来建筑形象上的许多东西都简化了，只留下外轮廓，音乐般的抽象的美学效果。如果太阳快要西沉时，天空很明亮，一片橙色，建筑内部形象都模糊了，只留下外轮廓，产生了"剪影"的效果。这动人的一幕，令人联想起李商隐的诗句："夕阳无限好，只是近黄昏。"也许在这里，我们能更深一层地理解建筑的美。

二

"建筑是凝固的音乐"这句话，是 19 世纪德国哲学家谢林（公元 1775~1854 年）提出的，后来不胫而走，至今还经常被业内外人士奉为建筑美学的经典之语。其实建筑确实可以与音乐进行比照或比兴。

图 9-20　塔的外轮廓

图 9-21 哥特式建筑的轮廓

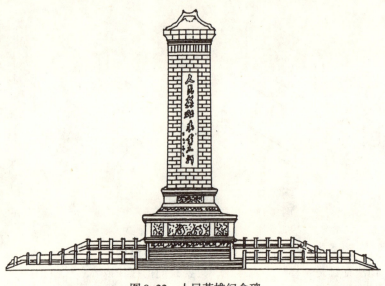

图 9-22 人民英雄纪念碑

可是有些人往往误解，什么曲子对应哪一座建筑，或者哪一段旋律是建筑的什么形象。这完全错了。建筑与音乐确实有可比之处：它们都是抽象的，是一种"感"——音乐感，建筑感。在这种"感"的面前，建筑与音乐之间确实有相似之处。音乐是时间的，是听觉的；建筑是空间的，是视觉的。俄罗斯著名音乐家斯特拉文斯基（公元1882~1971年）说："我们在音乐里所得到的感受，和我们在凝视建筑形式的相互作用时所得到的感受是完全相同的。除此以外，我们找不到更好的办法来解释这种感受。"（戴里克·柯克.音乐语言.北京：人民音乐出版社，1984，第13页）

音乐里有"上行音型"和"下行音型"。其实建筑也有类似的效果。音乐里的"上行音型"是由低向高发展变化的。在建筑中，例如巴黎的埃菲尔铁塔、北京天安门广场上的人民英雄纪念碑等形象，它们的轮廓线都构成向上的抛物线，意象出庄重、向上的情感效果，如图9-22所示。

三

与"上行"音型相对的是"下行"音型。音高由高向低发展，这种效果往往表现出深沉、遁世等情感。在建筑上，它的轮廓线自上而下形成反凹的抛物线，如西安的小雁塔，云南大理的崇圣寺千寻塔（图9-23）及河南登封的嵩岳寺塔等。有人形容这种形象好像是一位老衲在诵经。建筑有意无意地表现着人的这种情态。

图 9-23 大理崇圣寺千寻塔

四

建筑的轮廓线是很有讲究的，如果不加注意，也许会引出不好看的形象。如图9-24所示，这是阿尔及尔的英雄纪念碑。这座纪念碑在某些角度上看去是不对称的，这就有损于纪念碑的庄重性。三条式的形象容易产生这种效果，须慎重。有的三条式形象，如果做成带有轴线的，便能克服这种缺陷。

第四节　天际线和建筑群的轮廓线

一

天际线是建筑物上部与天空交界的那条轮廓线。天际线与建筑形象也是很有关系的，特别对于建筑群乃至城市轮廓线形象，影响是比较大的。

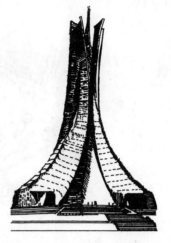

图9-24　阿尔及尔英雄纪念碑

上海外滩的那条天际线，如图9-25所示，是一条很美的天际线，而且如今仍基本上保留着。这条天际线的美，在于建筑物的形象，有高有低，有疏有密。形象既有变化，又有统一。或者说，形式上是有变化的，但在风格上是统一的。

二

杭州西湖孤山之西的西泠印社，建筑自由地散落在高高低低的小山上下，这个建筑群可谓高低错落，疏密有致。图9-26是它的总平面图。这一组十余座建筑，形成一个既自由自在，又重点突出；既多种多样，又有统一风格的建筑群。这个建筑群的中心，就是山顶上的那座华严经塔。若没有这座塔，这个建筑群的轮廓就会显得平淡。

三

上海浦东陆家嘴中心区是近年来新建成的，这里的建筑都很高大，如东方明珠电视塔、森茂国际大厦、世界金融大厦、证券大厦、招商局大厦、正大广场、金茂大厦，以及现在正在建造的环球金融中心等。这许多建筑，单体形态都很不错。可是正因为这些形象个性都很强烈，而且又离得那么近，几乎没有缓冲的余地，所以在总体上就缺乏统一性，从建筑群的形象来说就欠妥了。相对来说，上海虹桥开发区的建筑群形象就要好得多，它的各个单体建筑，如上海世界贸易商城、新虹桥大厦，新世纪大厦、国际展览中心、国贸大厦、太平洋酒店、协泰中心大厦等，这些建筑形象，相互之间既有变化又显得统一，无论高低、疏密以及屋顶形象等，都不失为一组统一的建筑群。

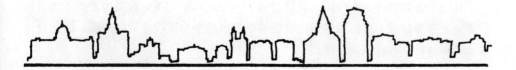

图9-25　上海外滩天际线

第九章 造型

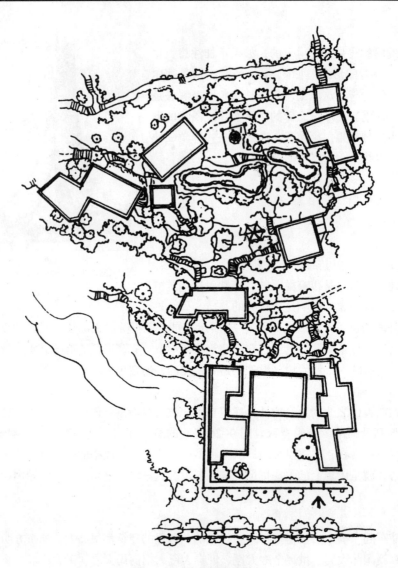

图9-26 西泠印社总平面

四

住宅小区建筑群，又是一种特定的建筑群形象。很显然，其出发点是供人们居住、生活的。因此建筑群形象的前提是居住（功能），在此基础上来考虑建筑群的形式问题。例如上海的广粤小区（建成于1997年），这个建筑群很有整体感，疏密得体，既有变化又有统一，如图9-27所示。这个小区的特点之一是组团明确，既有中心绿地，又有组团空间，所以很有生活情趣。

住宅小区建筑群，在绘画、设计过程中，要从实际的视觉效果出发，不能只顾规划图上放得好看。有经验的设计者能够想象出这个小区建成后的效果。因此设计者还需提高自己的建筑美学修养。

第四节 天际线和建筑群的轮廓线

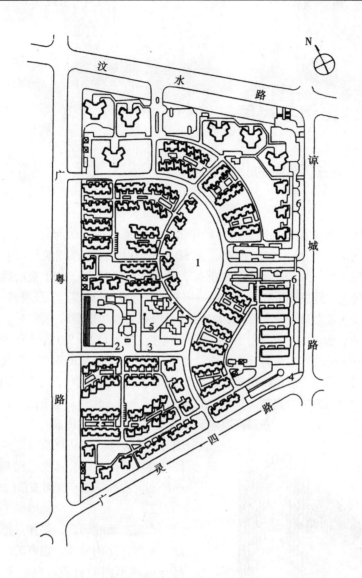

图 9-27 上海广粤小区总平面图
1—中心花园；2—小学；3—幼儿园；4—超市副食品广场；5—托儿所；6—商场

第十章 比例与尺度

第一节 建筑形象的比例

一

建筑形象的比例问题是造型设计中的一个很重要的手法问题。先看图10-1，这是纽约的利华大厦（1952年建），由SOM公司设计。这座建筑称得上是美国优秀的现代建筑之一。据说本来要被拆掉，说是它只有22层，位于曼哈顿地皮很贵的地方不经济，开发商准备在此建造一座高达70余层的高楼。但政府部门不同意，说这座利华大厦已属"文物"（1983年3月经有关部门批准），要保护。宁可出巨资保护好它，也不让它被毁，因为它是现代主义建筑（即"方盒子"）的代表作。这座建筑好在何处？它没有什么装饰，是一座外表是全玻璃的建筑。因此，它的好处就在自身的造型美。造型美指的是什么？就是指变化与统一、均衡与稳定、比例与尺度、韵律与节奏等建筑美法则。对这座建筑来说，比例是重要的。这座建筑的比例，可分两部分来说，一是高层建筑正面的高和宽之比，构成一个近似黄金比的竖向长方形；二是这长方形的顶部与底部高度，与中间部分高度之比有明显的大小差别，这就是主、次的关系的表述。

二

建筑立面的比例，往往是把立面分为虚与实来作比例分析，也有的是分立面的高与低或不同的材质、色彩来分析和设计。图10-2有三个立面，每个立面分实和虚两部分。玻璃门窗为虚，墙为实，它们之间的比例关系：图中的 (a) 是玻璃门窗大，墙面小；(b) 是两者一样大；(c) 是墙面大，玻璃门窗小。显然，(a) 和 (c) 都是较好的处理，有主次；(b) 则不妥，虚与实两部分各半，没有主次，没有侧重。当然我们要以建筑的功能为前提，但功能与形式之间如何两全其美，正是设计水准的表现。设计者应当两者兼顾，而且还要注意技术可行性和经济性。

图10-3是一个建筑立面的高、低两

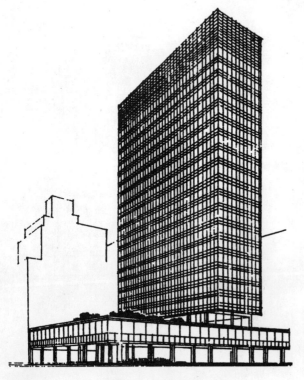

图10-1　利华大厦

第一节　建筑形象的比例

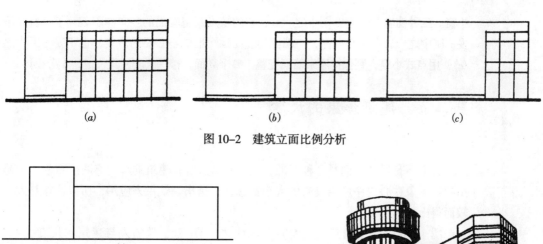

图 10-2　建筑立面比例分析

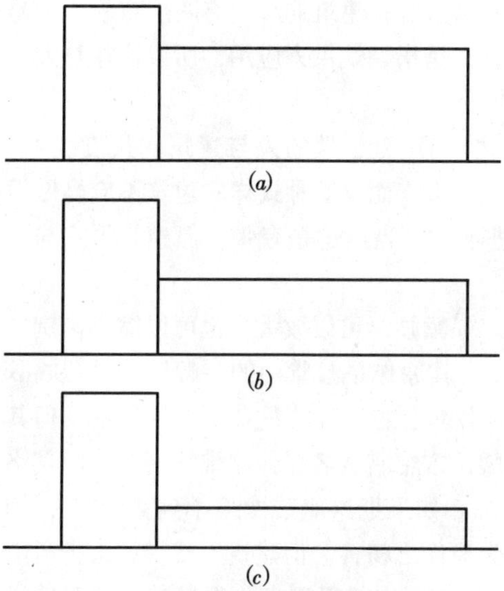

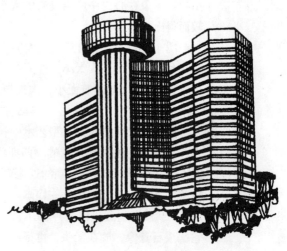

图 10-3　建筑立面的比例

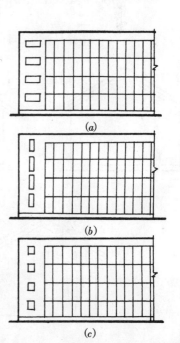

图 10-4　建筑实例分析：比例

部分的处理。同样，(a) 和 (c) 较好，(b) 不妥，其道理与上面说的一样。

图 10-4 是个实例。这座建筑的主体部分显得太高了，看上去觉得头重脚轻，比例失调。如果左右两边再向上提高些，或者将中间主体低一些，这个形象在比例上就好多了。

三

2002 年建成的杭州西湖边上的雷峰塔，据说是按原来的体量和高度建造的，所谓"修旧如旧"。从文物保护的观点来说是完全应该的。可是，如今山上的树木已经长高了，所以我们今天观看此塔，就不像一座塔，而是像一个楼阁。关键在于比例欠妥。要是把山上的树变低些，并控制在某个高度（每年修剪），或者将塔下的地面加高，则效果就改观了。

四

建筑立面内部的比例也同样重要。如图 10-5 所示，这是个多层建筑的局部，左面是楼梯间。楼梯间的窗子形式如何？图中画了三种形式：(a) 是扁窗，(b) 是长窗，(c) 是点式的

图 10-5　楼梯间的窗子的比例

125

第十章　比例与尺度

小窗。三种窗孰好孰差？图中之 (a)，它的缺点是将墙面的竖向构图破坏了，所以不妥；图中之 (b)，是竖向窗，与墙面的竖向构图形成不必要的重复，也不妥；图中之 (c)，用点式小窗，则保持原来墙面完整。整个立面，楼梯间实，其余虚，十分得体。

第二节　建筑形象的尺度

一

尺度不是尺寸，而是一种标准，大小、高低等；建筑的尺度有两层意思，一是指建筑形象在心目中应当具有的大小概念；二是指建筑供人应用，所以往往与人比较而得出的大小概念。

图 10-6 是尺度的意义之解释。图中之 (a) 为正常的人与建筑的尺度关系，(b) 是建筑太大，人太小。注意：不是建筑太大，而是这种式样的建筑不应当做得如此大。(c) 是建筑太小，人连屋子也进不去，当然这是夸张，但建筑形式与人之间，总应有个合适的大小、样式的关系。

建筑的尺度概念是造型艺术中特有的。一幅画，可以放大，也可以缩小。例如文艺复兴时期的拉斐尔画的《西斯汀圣母》，其原作是教堂中的一幅壁画，1.96m×2.65m；但一般我们所看到的这幅画，多为书本上的，有的只有 19cm×53cm，但其效果差不多，至少它仍是一幅画。又如雕塑，古希腊著名雕像"维纳斯"（阿芙洛底特），原作现藏于巴黎卢佛尔宫，高 2.4m。如果把这座雕像缩小到高 30cm，把它翻成石膏像，放在案头，也很高雅，不失原作之精神。但建筑不然，如果把科隆大教堂缩成高 40cm（原建筑高达 152m），尽管制作得很逼真，很精美，也只能说是个模型或工艺品，而不能说它是建筑。

二

上海外滩 13 号的海关大楼与 14 号的上海市总工会大楼（原交通银行），如图 10-7 所示。海关大楼总高 11 层，但屋檐下只有 6 层，上面 5 层是塔楼；上海市总工会下面也是 6 层，这两者大小却相差很多。如果远看（如站在浦东黄浦江边），还以为海关大楼在前面，总工会大楼在后面。走近看，则两者好像不是同一把比例尺绘图而建造的。这是上海外滩建筑群的一个尺度上的遗憾。

再有一例：上海南京路——西藏路的西北转角，新世界广场（建于 1995 年），它的南立面和东立面上的圆拱窗，尺度太大。窗的高度足足有一般建筑的三层楼那么高。但它所采用的形式却是一般窗子的形式。这就

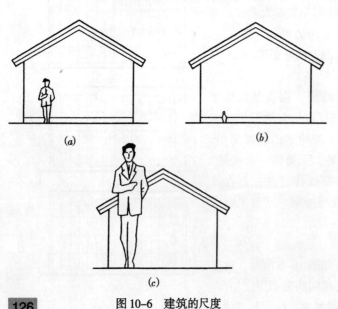

图 10-6　建筑的尺度

图 10-7　上海总工会与上海海关大楼

图 10-8　联军纪念碑

给人一种错觉，把本来是高达 12 层的建筑，误以为是 7 层楼的建筑了。

三

尺度用得恰当，也是建筑美的一个要素。上海的龙华塔，砖身木檐，八角七级，每级均有回廊、栏杆。无论层高、出檐深度及栏杆高度，都给人某种供人活动的尺度上的美感。这就表现出中国佛教的世俗化精神。尺度在其中起主要作用。

再如北京故宫中的太和殿，屋脊的高度达 35m，它只有一层高，这就给人一种皇权至高无上的感觉。但它在细部尺度上却又是很人性化的，例如它用的开间（共 11 间），每间近 6m，这就是人的使用尺度。皇帝也是人，皇帝也生活。

四

图 10-8 是位于德国莱比锡的联军纪念碑（为战胜拿破仑而建）。这座纪念碑的尺度过分大，而且不统一。拱门是一种尺度，相当巨大，门下面的好似台基的形象，如果真是台级，其尺度更夸张。碑顶上的人像雕刻，其尺度也甚大，更令人产生尺度上的混乱。总之，尺度的混乱，令人捉摸不定它的大小。人们离远一点看，还以为它只不过十来米高，殊不知它高达 60 余米。

古希腊的帕提农神庙在建筑的尺度处理上是斟酌过，下过一番功夫的。它的外围柱廊的柱高为 10.4m，不失其庄严、伟大之感。但在室内，做了二层回廊，一层变二层，下层的层高 6m，上层高 4m，符合人活动的尺度。因为在室内，人与神近距离"对话"，也没有"远看"的机会，所以一层变二层是很理想的做法。

图 10-9 是意大利维琴察的巴西利卡的一个局

图 10-9　维琴察巴西利卡（局部）

部，由著名建筑师帕拉第奥设计。这个设计在尺度手法上与帕提农神庙的手法很相近。后来被人们说成是用"两套尺度"的手法。米开朗琪罗设计的罗马卡必多山上的档案馆和图书馆两座建筑的立面，同样也用这种手法。这种"两套尺度"的手法其目的就是使建筑的整体尺度合乎逻辑，但又不失人与建筑的近距离尺度的舒适感。

第三节　建筑尺度与视觉原理

一

要了解建筑尺度的视觉原理，首先要了解什么是视觉形象。视觉形象，通俗地说就是我们所见到的"东西"。这"东西"的概念包括三层意思：一是所见到的"东西"的形，二是这"东西"的大小和离所见者的距离，三是这"东西"的明度和色彩。我们在这里要分析的是第二个意思：他的大小和离所见者的距离。建筑的尺度问题，需研究这一基本概念。

根据"视像尺度问题的初步分析"(《同济大学学报》，1979年，第四期)，视像的大小是由人眼所见物体的视角和视距合成（通过生理的作用）的判断结果。显然，物体离人越远，它所含的视角越小。但我们所见到的物体决不会像透视图里画的那样，越远越小，这就是由于视距判断的作用。我们所见到的物体的大小，应是 $a=L\cdot\tan\phi$。a 是物体大小（用长度单位），L 是距离，ϕ 是视角。见图 10-10。但由于眼睛对距离的判断是有误差的，这个误差会随着视距的增加而增大。根据人的双眼判断能力，由德国科学家赫尔姆霍茨（公元 1821~1894 年）研究证明，人的视距判断本领是有极限的，这个极限为 1350m。也就是说，人对 1350m 以外的东西，离人多远是无法判定的（除非有其他辅助因素），好像星星和月亮离我们都一样远。例如织女星离我们的距离为 27 光年，月亮离我们的距离为 384400km（平均），但我们无法分辨它们孰远孰近，好像都一样，都在一个天穹上。所以我们总以为月亮比织女星大。

二

如上所说，建筑的大小多是从建筑上的那些我们已经习惯的大小概念获得的，所以重视建筑形象的尺度问题很有必要。北京天安门广场东侧的中国革命博物馆与历史博物馆（图 10-11 是其局部），如果我们站在其对面的人民大会堂附近看去(视距约 500m)，总以为这是一座二层楼的房子，其高度充其量为 10m，谁知它的高度达 30 余米。这种错觉正是由于视觉对距离和尺度判断的错觉，以建筑上的一些习

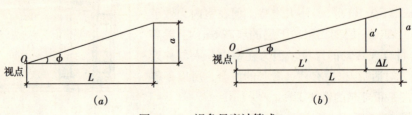

图 10-10　视象尺度计算式

图 10-11　中国革命博物馆与历史博物馆

惯尺度来判断而造成的。

图 10-12 是英国伦敦的海波因特公寓（建成于 1935 年），除了功能、技术和造型上都做得比较成功外，它在视象尺度处理上也是比较成功的。这是一座 8 层的公寓，双"十"字形平面，建筑形象不同于"一"字形的平铺直叙，而是富有变化。立面形象上尺度感很真实。窗、阳台等，给人一种和谐之感。

图 10-12　海波因特公寓

三

俄罗斯圣彼得堡的海军部大厦（1823 年），位于风光秀丽的涅瓦河畔。这座建筑中轴线对称，中轴线处有塔楼（图 10-13），高耸挺拔，比例得当。但当这座建筑的设计图拿出来审阅时，有经验的建筑师指出，此建筑若建成后，实际的视觉效果并非如图所绘。塔楼中间的柱廊会被遮住下面部分（由于柱廊下部基座大），会失去原来优美的比例。因此后来便修改方案，将柱廊下部增高。结果效果确实很好。

有的建筑理论家指出，如图 10-14 所示，台阶式塔楼往往会出现图中的情况，效果不好。这种设计在古代巴洛克建筑或美国早期的建筑，在台阶、基座、方形塔楼等建筑中经常会出现。因此设计时需用某些手法来避免。如在这一特殊的位置处植树，挖水池或建造房屋等。

四

还有一种情况，与空间有关，如图 10-15 所示，图中左边的是方形柱列，因此被遮去较多的视线，使空间拥塞。如果改用圆形柱列，从作图便可知，其空间就会开敞得多。特别是在商场、会场等公共性空间中，尤要注意，不使空间遮挡而显得不够开敞。

图 10-13　圣彼得堡海军部大厦（局部）

第十章 比例与尺度

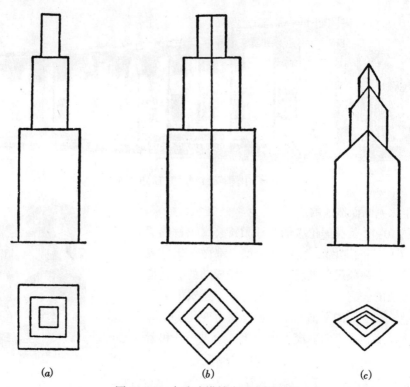

图 10-14 台阶式塔楼应避免的重叠
(a) 侧视图； (b) 对角线方向的视图； (c) 透视图说明在塔楼设计中，正视图不可靠

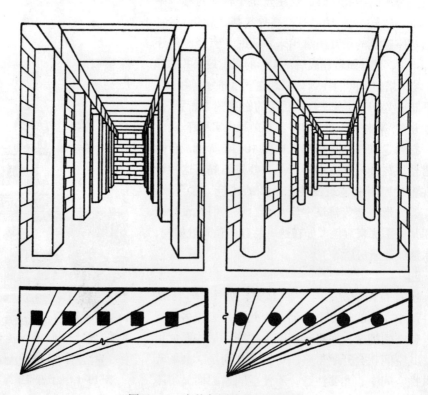

图 10-15 方柱与圆柱的不同效果

这种视觉效果的例子很多，我们需在实践中多注意。同时，作为建筑学的学生或设计者，需随时留心周围的建筑，它们的形式和视觉效果。

第四节　建筑中的视错觉

视错觉有多种，如对形体的大小的判断、视距的判断，水平尺度和垂直尺度的判断以及对明度和色彩的判断等，都有错觉。图 10-16 就是几种比较典型的视错觉。这些视错觉的研究，对于建筑造型处理也很有实用价值。

有些建筑，由于建筑表面的线条与建筑的凹凸重叠，就显示不出建筑的内轮廓，难以表现本来想要表现的建筑形象。如图 10-17（b）所示。如果把这种线条改成水平线条（不影响其功能和结构），如图 10-17（a）所示，其效果就会大大改观。这就是视错觉（距离错觉）在建筑中的具体运用。

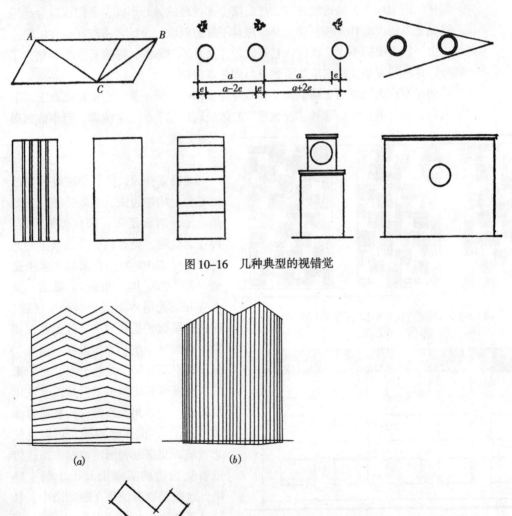

图 10-16　几种典型的视错觉

图 10-17　视错觉在建筑中的运用

二

有些建筑的细部设计，如果不注意视觉上的规律，会引出错觉，使形象产生某些不愉快感。如图 10-18 所示，这是一些窗子的花格图案。本来的构思甚好，但做出来以后却引起错觉。据说设计师对这些形象的错觉还不认为是错觉，说是"施工有问题"。上当了！后来用尺、绳子等去校验，才知道不是施工问题，而是"眼睛受骗"，连设计者也"受骗"。

建筑形象的这些错觉如何避免？也得依靠经验，多观察、体验，就能避免这类不必要的难看之形。

三

图 10-19 是建筑的一种处理技巧。把建筑顶层的窗过梁和女儿墙这一块连起来，墙外作深颜色的直条形图案的表面处理，给人一种坡屋顶的错觉，显示出地方传统特色。人们误以为它是坡屋顶。这也是视错觉。不过这是利用视错觉，不是回避视错觉。

同样，图 10-20 中的这座建筑，把山墙上部处理成另外形式，人们误以为是屋顶。这是上海杨树浦社会福利院，其屋顶是不等边斜坡，设计者将红瓦贴在山墙上部墙面上，使人捉摸不定，误以为它是屋顶，又是不对称，好像另一半被割去了一部分。这种趣味感使建筑增加了感染力和艺术情趣。

有的建筑在大块墙面上画上窗子和阳台等，画得十分逼真，连阴影也画上。下雨天人们显得莫名其妙。这种"开玩笑"的做法属现代手法主义流派。但不能做得太过分。

四

无锡寄畅园，人若站在环彩楼前的平台上向南望去，景致甚美，近处是水池，对面是廊、知鱼槛等建筑，再往远处看，则是锡山及山顶上的龙光寺，见图 10-21。在园林艺术中这是一种手法，即"借景"。锡山、龙光寺和龙光塔本不是寄畅园中之物，但在这里似乎是在园中。这也是视错觉。在园林手法上之所以叫"借景"，是因为它不是园中之物，是"借"来的。我国园林建筑中"借景"手法用得很多，如苏州拙政园，人在梧竹幽居（亭子），向水池西望，可以见到北寺塔。北京颐和园昆明湖东岸，可以看见西边的玉泉山及山上的玉峰塔，这些景物都像是在颐和园中，景致美不胜收。

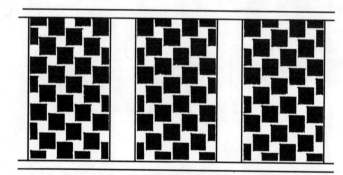

图 10-18 视错觉在花格窗子中的运用

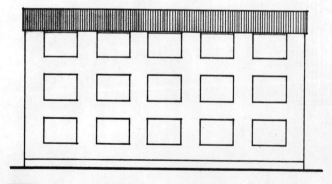

图 10-19 建筑外形处理

第四节 建筑中的视错觉

图10-20　杨浦区社会福利院

图10-21　无锡寄畅园借景锡山

# 第十一章 轴线

第一节 轴线的性质和类型

一

轴线有许多含义，画建筑施工图时，墙的中心线称轴线；道路中心线也称轴线。轴，在中国画里称画轴。戏里也有轴这个字，最后一出戏叫"大轴子"，最后一出戏的前一出称"压轴子"。这里说的轴线，指的是建筑所占有的空间关系的"线"。在建筑中，用形体交代出空间的关系，在人的感觉上产生一种"看不见"而又"感觉到"的轴向。城市也有轴线，如北京古城，有一条很长很对称的中轴线，自南至北，用轴线上的建筑来表示就是：永定门、正阳门、天安门、端门、午门、太和门、太和殿、中和殿、保和殿、乾清门、乾清宫、交泰殿、坤宁宫、钦安殿（御花园内）、神武门、北上门、景山、鼓楼、钟楼，直至北城墙。这是世界上最长、最完整而笔直的一条中轴线，长达 8.45km。又如山东曲阜的孔庙，自南至北为：万仞宫墙、金声玉振石坊、棂星门、圣时门、弘道门、大中门、同文门、奎文阁、大成门、杏坛、大成殿、寝殿、圣迹殿等，十分辉煌。图 11-1 就是曲阜孔庙的总平面图。

轴线有对称轴线和非对称轴线两种。

对称轴线，如北京古城中轴线、巴黎卢佛尔宫、华盛顿国会广场等。非对称轴线，如某个不对称的建筑，在主入口处所形成的轴线效果。现代建筑多为不对称的（由于功能和地形等原因），因此非对称轴线的分析更有实际意义。

二

对称轴线的基本特征是：庄重、雄伟，但缺乏情趣。

对称轴线的基本手法：空间及物体（建筑等）左右对称，限定出中轴线。

对称轴线的性质：一、限定物（即形成对称轴线的建筑或其他物体）的对称性越强，轴向性越强；二、限定物的自对称性越强，两个相同形象的限定物所形成的轴向性越弱。用图来说明，见图 11-2。其中 (a) 图是三组建筑，每组的限定物两两对称，左边是一般的强度；中间的两个建筑（或其他限定物）本身不对称，但两两对称，则轴向性增强；右边的两个建筑（或其他限定物）对称，产生中轴线；但这两者自身也对称，则又产生了中间的一条中轴线，所以原来的那条中轴线的力度就减弱了。

图 11-3 是同济大学总平面（局部），它的轴线布置正是图 11-2 中 (a) 的第三种情况。由于左右两座建筑（南楼和北楼）的自对称性，削弱了中间的主轴线的力度。后来在中间建造了高达 12 层的图书馆大楼，加强了主轴线的力度，效果比以

第一节 轴线的性质和类型

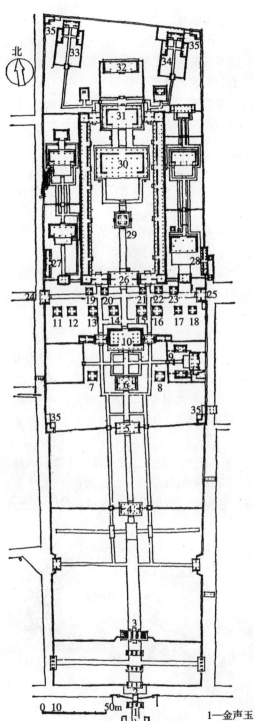

图 11-1 曲阜孔庙中轴线

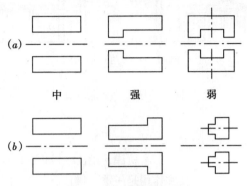

图 11-2 对称轴的性质

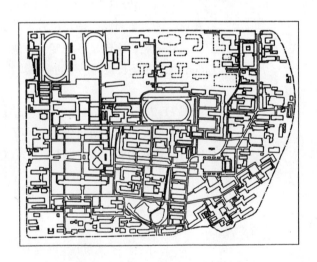

图 11-3 同济大学总平面图（局部）

1—金声玉振；2—棂星门；3—圣时门；4—弘道门；5—大中门；6—同文门；7—碑亭十四；8—碑亭十五；9—驻跸；10—奎文阁；11—碑亭六；12—碑亭七；13—碑亭八；14—碑亭九；15—碑亭十；16—碑亭十一；17—碑亭十二；18—碑亭十三；19—碑亭一；20—碑亭二；21—碑亭三；22—碑亭四；23—碑亭五；24—观德门；25—毓粹门；26—大成门；27—乐器库；28—礼器库；29—杏坛；30—大成殿；31—寝殿；32—圣迹殿；33—神厨；34—神庖；35—角楼

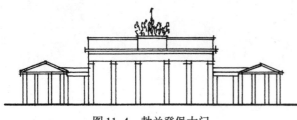

图11-4 勃兰登堡大门

图11-4是德国柏林的勃兰登堡大门，它的左右两边的建筑自成轴线，反而削弱了中间的主轴线，如图11-2中(b)的第三种情况，由于左右两边的小建筑自身产生轴线，便削弱了中间主轴的力度。

第二节 对称轴线

一

如上所说，图11-3和图11-4都是不妥的对称轴线的处理手法。对称轴线的性质和作用是庄重、雄伟，如何加强这种效果，在此分析一些实例。

图11-5是法国的南锡中心广场，一条对称中轴线两边好几组对称的建筑物及其他物体，把中轴线强调出来了。而且有变化，有虚实，有节奏。从轴线处理来说不失为优秀作品。

二

图11-6是罗马圣彼得大教堂的中轴线处理，其手法也是分几组形象，串起来，有梯形广场、椭圆形广场和长方形广场等。中间的椭圆形广场用双柱廊，使这里的空间向外拓展，这也是一种变化手法。圣彼得大教堂对称、均齐、宏大，穹顶高达138m，加上这条长长的强烈的中轴线处理，使这个教堂不失为西方天主教的中心教堂。

三

图11-7是沈阳故宫的中轴线布局，这里有三条中轴线，即东路、中路、西路。东路以大政殿为主，两边分立十王亭，为努尔哈赤时期所建。大政殿建于1625年，初时名为"笃恭殿"，康熙时改为大政殿。平面重檐攒尖顶，须弥座台基，每边长

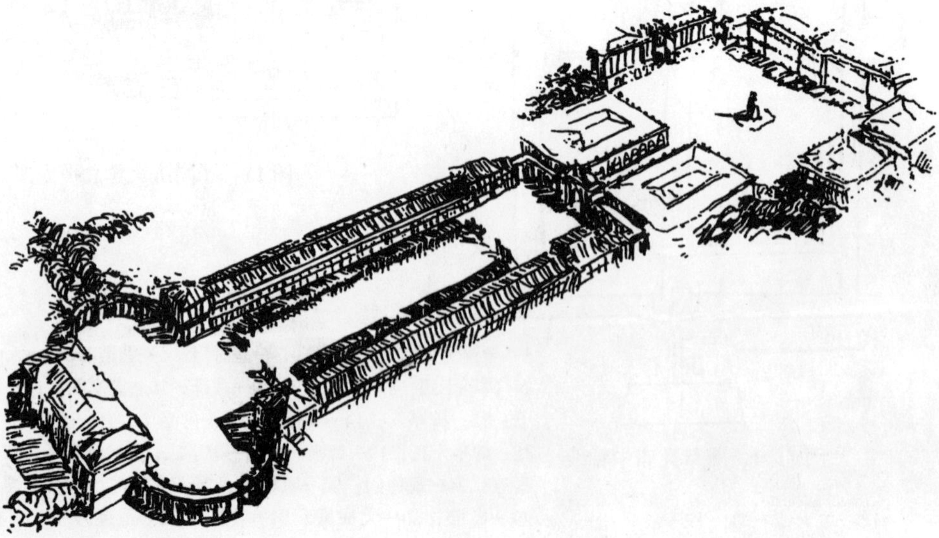

图11-5 南锡中心广场

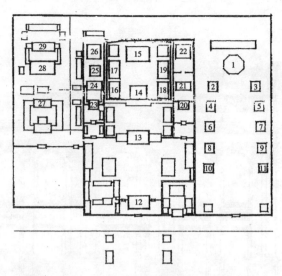

图 11-7　沈阳故宫

1—八角殿；2—左翼王亭；3—右翼王亭；4—镶黄旗亭；5—正黄旗亭；6—正白旗亭；7—正红旗亭；8—镶白旗亭；9—镶红旗亭；10—正蓝旗亭；11—镶蓝旗亭；12—大清门；13—崇政殿；14—凤凰楼；15—清宁宫；16—永福宫；17—麟趾宫；18—衍庆宫；19—关雎宫；20—飞龙阁；21—介祉宫；22—敬典阁；23—翔凤楼；24—转角楼；25—保极宫；26—崇谟阁；27—嘉荫堂；28—文溯阁；29—仰熙斋

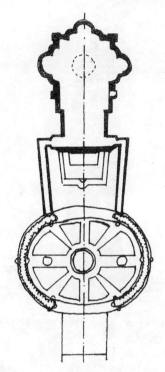

图 11-6　圣彼得大教堂中轴线

9m，高 1.5m，正面有御路。建筑周边有廊，殿内有精巧的斗栱和天花藻井。外环井口的方光内绘有梵文字样；内环井口的圆光内绘作"福、禄、寿、喜"等字样。外檐五铺作斗栱，梁架作"和玺"彩画，屋顶为黄琉璃瓦，南面中间二柱为盘龙柱。大政殿是努尔哈赤王朝举行大典的地方。十王亭除北端的两翼王亭外，其余八亭依八旗序列对称地分列两边。

中路是主要建筑群，南面大清门为故宫正门，入大清门，经御道直达崇政殿，这是宫的正殿。1636年皇太极在此即位，将后金改为大清。崇政殿为五间九檩，前后有廊，硬山式屋顶，上设黄琉璃瓦。殿前设大月台。殿内"彻上明造"（无藻井），以增加室内空间的高度。殿两侧有左右翼门，各三间，也用硬山顶，上设黄琉璃瓦，其建筑装饰十分考究。崇政殿前左右各有阁，与大清门一起组成四合院，形成中轴线。

西路建筑也是中轴线布局，自南向北有嘉荫堂、文溯阁及仰熙斋等建筑。这一组建筑造得很晚，是1781年增建的。这组建筑也构成对称中轴线。

四

建筑的轴线依靠建筑及其他物体表达出来，如果建筑对称，便显示其对称轴线。如图11-8，这是罗马圣约翰·莱特朗的立面形象，左右两边完全对称，而且又用了许多雕刻和其他装饰物，加强了它的对称中轴线力度。

图11-9是纽约南渡口广场大厦（公元1986年），这是一座塔式高层建筑，塔楼正三角形平面，正面形成强烈的中轴线效果。塔式高层建筑不但做成中轴线形式，而且还做成中心对称形式。这座建筑也是中心对称的，它有三条中轴线（正三角形平面）。

图 11-8　圣约翰·莱特朗立面　　　　　图 11-9　纽约南渡口广场大厦

第三节　非对称轴线

一

所谓非对称轴线，其实指的是局部对称的建筑的中轴线。现代建筑由于功能的原因，在建筑总体上多做成不对称的。如图 11-10（a）所示。这座建筑的入口处形成明显的对称中轴线形式，这不但表现建筑的"重心"，而且也突出了入口。有时，只有入口处强调对称效果，其上部也没有什么表示，如图 11-10（b）所示。孰好孰差？这就要看功能的需要了。入口做得好不好，与轴线处理大有关系，这也应当是功能问题。

二

如果把建筑扩大为建筑群、街道等，这时的轴线，往往不是对称轴线了。如图 11-11 所示。这是一条街道，其轴线由两边的建筑和其他物体所确定。这种轴线的强度（力度），要看轴线两边的建筑和其他物体的密度、强度。如图 11-11（b）所

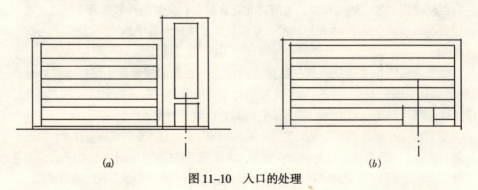

图 11-10　入口的处理

第三节 非对称轴线

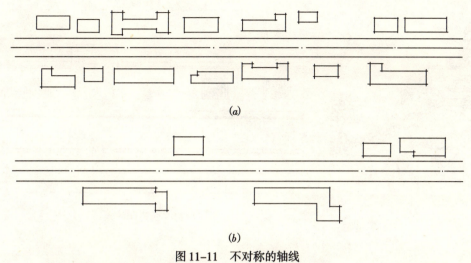

图 11-11 不对称的轴线

示,其轴线的强度就不如图 11-11（a）的轴线强度。

这种轴线力度,是强些好还是弱些好?这也要看它的功能需要。如果是一条商业街,其建筑必然很密集,如果是休闲的场所,则宜稀一点。

三

其实,非对称轴线是很多的,特别是在园林建筑上,这种情况很多。这种轴线的特性:一是具有情趣性,可以说轻松愉快,自由自在。如图 11-12 所示,这些道路都具有轴向性。园林中的小路,用拼花铺地,在路面上做出各种图案,还起到点缀环境的作用。这种带有轴向性的小路,在园林或风景名胜之地,还起到表达个性的作用。如浙江普陀山,所谓"海天佛国"（观音菩萨的道场）,所以有些路上铺石板,每隔一定的距离,就在石板上刻一朵莲花（浮雕）,人们走在路上,便知道是在普陀山。又如庐山,山上的小路多在路的两边铺条石,中间铺正方形的石板,用转 45°的办法,留出一些草地,既表现出个性,也交待出这是在庐山,如图 11-13 所示。它既是图案,又表示轴线,还表现文化。

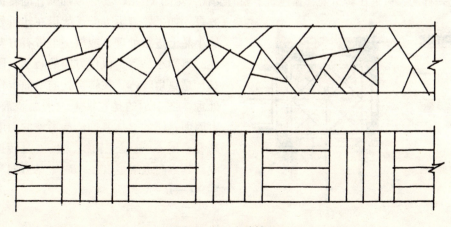

图 11-12 小路铺地

第十一章 轴线

图 11-13 庐山小径

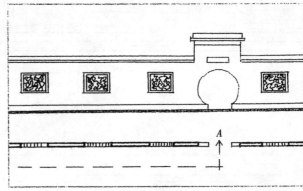

图 11-14 西泠印社入口

四

漏窗也对轴线起加强的作用。平平的一片粉墙，会觉得平淡无奇，在园林名胜之地被"一笔带过"，不够引人注意。如果在墙上开一些漏窗。不但起到通透作用，增添景观的情趣，而且也增强了沿墙方向之轴向力度。如图 11-14 所示，这是杭州孤山路上的西泠印社的围墙和入口。而且这条轴线也起到指引的作用，引导人们向入口方向前行。

带有指引性的轴线，往往在路边做一些图案之类的东西作暗示，产生自然而然的效果，给人以自由自在、无拘无束之感，在不知不觉中按照设计的意图走去，这比放一块"由此进入"的牌子要好得多。

第四节　轴线的转折与终止

一

建筑的轴线还有流动的处理，转折和终止等处理手法。图 11-15 是轴线转折的处理手法。图 (a) 是弧线型的处理手法，自下而上的方向和自右而左的方向效果是一样的，只是在转折处，在建筑上要有交代，见图 11-15 (a)，以加强它的转折效果。如果要表示方向，就得在转折处的小品上进行处理，或放一个带有方向性的雕塑小品等，以作方向的暗示。图 (b) 是直角转弯，在转折处的墙面上作处理。图中画的是左墙上为平面装饰，上墙面是凹的立体装饰。从形象的力度来看，则 $A—B$ 是主轴线，$B—C$ 是转折线，其方向也就是以 $A—B—C$ 的方向为主，$C—B—A$ 为副。

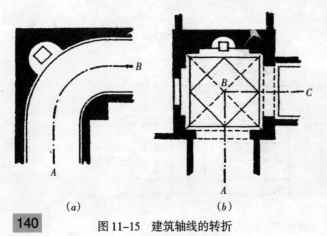

图 11-15 建筑轴线的转折

二

图 11-16 是一个实例，某烈士墓。

A 是入口处，B 是烈士墓，从这个总平面图来看，显然 $B—F$ 是主轴，因此 $A—E$ 在转折处的力度要小于 $B—F$ 在转折处的力度，所以 E 处只做了一个墙面，墙上写字，是平面型的；F 处则作了一个立体的雕塑，力度甚大，形成主轴。

图 11-17 是一座高层建筑。由于这座建筑本身是对称的，所以它有一条强烈的轴线 $A—A$，这条轴线与街道平行。为了从入口将轴线引入建筑物，所以就需做两条轴线：一条是 $A—A$，是主轴，在图的左边做一个东西（雕塑或小建筑、小品等），另一条是 $B1—B2$，是引入主轴的辅助轴。为了突出这条轴线，所以在 $B2$ 处要有东西（雕塑或小建筑、小品等），交代出轴线的转折。

中国传统民居中的照壁，还有轴线的作用。住宅大门外竖一块照壁，表示出这个住宅的中轴线（起点）。若从住宅前面的街道来看，则正是此轴线的转折处理。如前所说，街道也有轴向，这个轴向到住宅前就是因为照壁而转折，转向住宅轴线。图 11-18 是苏州西百花巷程宅平面，图下方大门前有一块做得很讲究的照壁，中间就是一条横向的路。由照壁引向住宅的大门及中轴线。

三

图 11-19 (b) 是室内轴线转折处理的一例。这里有三个空间：A、B、C、设计者的意图是希望人们由 A 经过一个过渡空间 B，到达 C，则空间 B 的处理就是较典型的轴线转折处理。B 处有三个门，设计者希望人们走向 C 空间，不要走向别处，但 C 空间的进口在弯角处，不明显，所以需进行轴向的转折处理。这个空间处理得很巧妙，在地面处设一个曲线形的水池，池的边很低，在墙根处堆置一些石头，再立一个仙女雕像，见图 11-19 (a)。这个雕像形态有动势（舞姿），其运动感似乎是在暗示人们向空间 C 的方向去。雕像的位置设于右侧。在墙的立面处形成左多右少的比例，则更增强了方向感。不用"说明"，人们自然而然地会向 C 空间走去。这就是建筑的空间语言，以形象来说话。

四

园林空间的轴线是比较复杂的，这种复杂性的原因就在其功能。它不能用强制的做法，让游园者一定要走什么方向，而是要"自然"，使游人逍遥自在，美感亦在其中。图 11-20 是苏州留园总平面。图的下部三角形为园的入口，虚线即轴线（亦是游览主路线），从入口经古木交柯、绿荫、明瑟楼、涵碧山房。闻木樨香轩、

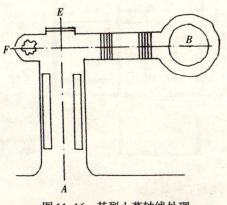

图 11-16　某烈士墓轴线处理

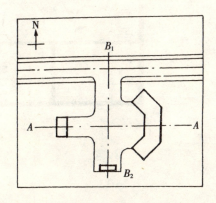

图 11-17　某高层建筑与街道的关系

第十一章 轴线

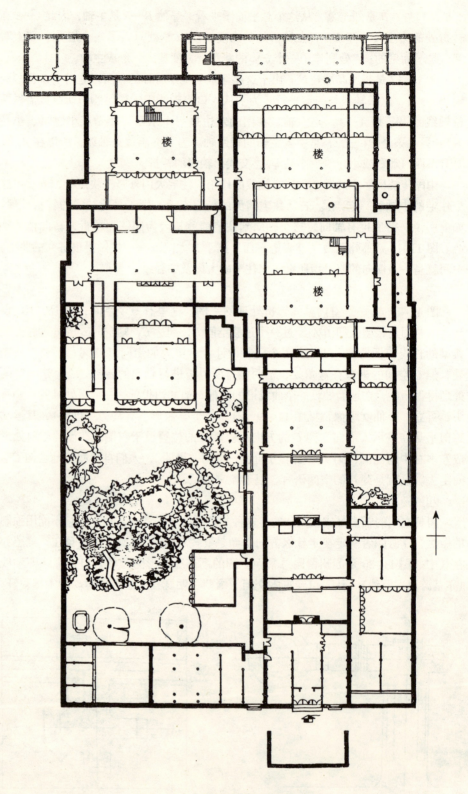

图 11-18 苏州西百花巷程宅平面

第四节 轴线的转折与终止

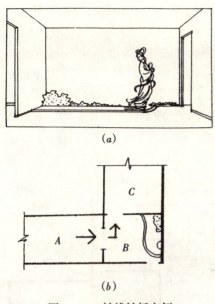

图 11-19 轴线转折实例

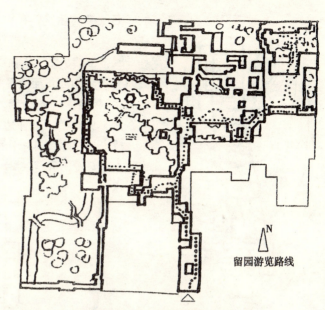

图 11-20 苏州留园总平面

远翠阁、汲古得绠处、五峰仙馆、揖峰轩、还我读书处,再经过冠云台、冠云楼、伫云庵,到林泉耆硕之馆,经石林小屋,到清风池馆、曲溪楼,又回到古木交柯,然后从原路出去。据说这一圈的游线都是自然而然的,没有设指路牌,游人自然而然地游。当游人游毕,再走到古木交柯处,发现此处已来过了,但找不到出口,不知道那个小门就是出口。有人曾说,"留园者,留你再游也!"其实留园主人姓刘,用谐音。

图 11-21 是轴线终止处理的一个实例,即上海宝山烈士纪念碑的后面,有一片较低而宽的浮雕墙。这就是尽端式的理想做法。特别是纪念性一类的建筑,轴线的起、承、转、合很重要。建筑也和诗歌一样,都有一定的形式美法则。

五

轴线转折的手法,有时也可以用踏步等来暗示。根据人的行为心理,人看到踏步、楼梯一类的东西,会成为一种行走的暗示。图 11-22 是南通狼山萃景楼的总平面图。随着山坡的上升,每升一个台、一个建筑,就有数级踏步,然后一直到山顶。山顶是目的地,即塔。一路上去,这条轴线不是直线,而是折线,是扭曲的,它比直线更有情趣。每一扭曲,都由踏步来表现扭曲,其"大方向"还是正的,不是斜

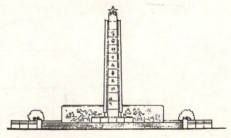

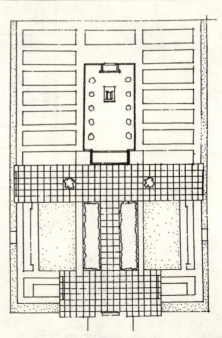

图 11-21 上海宝山烈士纪念碑

143

第十一章 轴线

的。名胜类的建筑，在轴线处理上做出一些趣味，能增添景之情趣。

园林中的小路，从轴线的意义来说，就是指引的作用，但也对游园有关。如苏州庙堂巷畅园（图11-23），其中的廊子几乎都是曲廊。《园冶》中说，廊，"宜曲宜长则胜。"曲廊与赏景有关，因为在园林中，游人往往边走边赏景，曲廊，景在廊两边，正好赏景。桥也是如此，园林中的小桥，多做成曲桥形式，它自身的造型也比直桥好看，可谓一举两得。

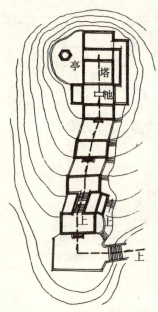

图11-22　南通狼山萃景楼

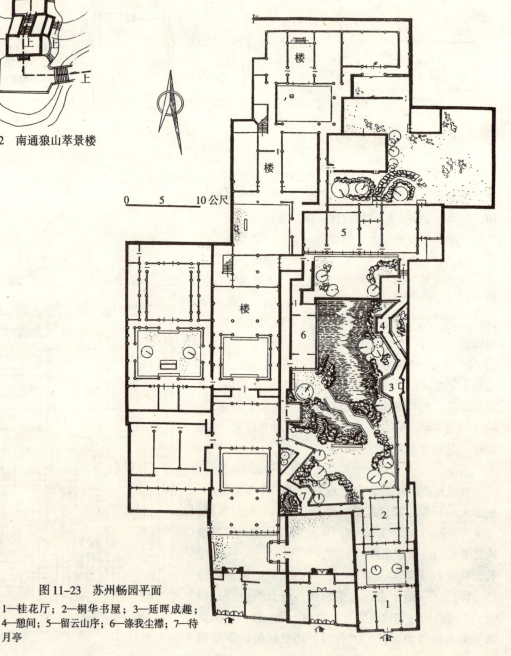

图11-23　苏州畅园平面
1—桂花厅；2—桐华书屋；3—延晖成趣；4—憩间；5—留云山序；6—涤我尘襟；7—待月亭

第十二章　虚实与层次

第一节　虚实和建筑的虚实

一

虚与实是事物的一对范畴，它与"有"与"无"的概念较接近。《老子》第十一章有一段话："凿户牖以为室，当其无，有室之用。故，有之以为利，无之以为用。"开凿门窗造房屋，有了门窗、四壁中间的空间，就有房屋的作用。所以，"有"（利益、功利），目的就在"无"（空间）。这就是建筑的虚和实的关系。相传美国著名的艺术心理学家阿恩海姆读了《老子》的这段话，如获至宝，在他的好多著作中都提到了这句话。

在艺术诸门类中，虚与实的关系几乎都被强调。如绘画，在中国画论里有"疏可跑马，密不通风"，"虚即是实，实即是虚"等理论。在西洋画里也强调虚实关系。如肖像画，脸部要细画实描，服饰等要加以简化，概括，背景则画得更虚。在文学中也同样，有时为了抒发某种感情，往往大段地描写风景。用晴朗的天空，辽阔的草原等表现出人的心情舒畅的感觉。如俄罗斯著名文学家屠格涅夫，在他的作品里常会有大段的风景描写，其实是在抒发感情。

如上所说，建筑的"虚"就是空；"实"就是有物。建筑形象的虚与实的手法，也很有讲究，它直接影响到建筑的美。

二

如图 12-1 所示，这是深圳科学馆的外形，其虚实处理得很好。实即墙面，虚即门窗。这些门窗用深色玻璃，"虚"的效果很强烈，整体效果很有力度。

图 12-1　深圳科学馆

第十二章 虚实与层次

图 12-2 是菲律宾国际旅馆。这座建筑的造型，在虚实关系上处理得也是很好的。首先看前面的裙房部分，用水平线表现出虚实关系，处理得虚实得体，很有力度感。其次是后面的建筑主体，利用横向阳台，处理得挺直而简练。而且它与下部裙房在线条的方向上相互垂直，很有节奏感。其实这座建筑在层次关系上处理得也很好。

三

建筑的虚实关系，不只是表层的纯手法的，它还有深层次的文化和哲理内涵。

图 12-3 是一个典型的中国传统建筑（平面）。一般的中国传统建筑，多为南北朝向。从功能上说，朝南是最理想的朝向，可谓冬暖夏凉，俗语说"七世修来朝南屋"。所以中国传统建筑的中轴线也往往是南北向的。除了物质功能以外，往往还有精神上或文化上的涵义。从图 12-3 中可知，这个平面，南北向为柱、门、窗等，均是通透性的基本上是"虚"的面；东西向则为"实"的面，用实墙，若是开窗，也只开小窗，保持其"实"的面。这就是中国传统文化的表述。所以在汉语里，"物体"叫"东西"，即东和西是"实"，是"有"；南和北是"虚"，是"无"。

推而广之，中国传统文化有"五行"之说（早在先秦时期就有"五行"之说），其中"金"和"木"对应"西"和"东"，是"有"（物质的）；"水"和"火"对应"北"和"南"，是"无"，是液体和气体，流动之物，是"虚"；"五行"之"土"在中间，是人存在之地。这就是中国文化。看起来有些玄，其实还是很现实的。建筑的虚实关系，就遵循这样的关系，其他文化也有类似情形。

四

这种虚实意义在中国传统建筑中是很多的，如图 12-4 所示，这是扬州个园总平面，从图中可以看出，园中几乎所有建筑都是南北向排列的。园前面（南面）是两条平行的南北向中轴线，两组多进住宅。前宅后园，园中大小建筑：桂花厅、抱

图 12-2 菲律宾国际旅馆

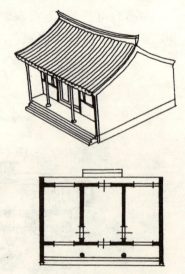

图 12-3 典型的中国传统建筑（平面）

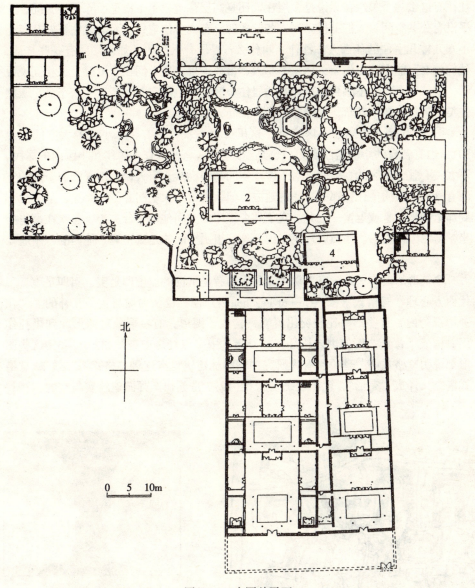

图 12-4 个园总平面
1—园门；2—桂花厅；3—抱山楼；4—透风漏月厅

山楼（壶天自春）、透风漏月轩、丛书楼等均为南北向布局，只是大小、疏密、前后有变化，形成园中建筑错落有致的审美效果。

第二节 建筑群的虚实手法

一

居住小区的建筑群，往往组成组团形式，这种组团式建筑物疏密相间，富有情趣。但这种组团首先是从功能出发的，疏密是其形式。组团的空间组织，出于组团中人的居住生活的需要。之所以成为组团，就在这个公共空间在起作用。现代住宅

第十二章 虚实与层次

往往有这么一个欠缺：无论是多层住宅还是高层住宅，每个楼里面除了楼梯间，几乎没有公共空间，人们上楼入室，各归各的。有许多住宅，里面的人住了好几年还不知几楼几室住的什么人？姓什么叫什么？是干什么的等。如果楼前有一些空地，他们就有可能在这里逗留，休息、聊天、带孩子玩，老人们在这里就坐，相互说说话，就认得了，并不感到孤单。有的居住小区，在组团空间里还有一些小品、雕塑之类，再加上树木花草，人情味十足，很受人们喜爱。

图 12-5 是一个居住小区实例，这里可以发现，它有整个小区的大空间（虚的），也有各自的小的组团空间（也是虚的）。据笔者调查，居住在小区内的居民，不太关心整个小区的大空间，对于组团空间都很喜欢。有人说，小区的那个大的空间有气派，表明他住在那么豪华的地方，但他对这个大空间并不感兴趣，从来也不到那里去坐一坐或逗留一会儿。对于那个组团的空间他却十分关心，喜欢在那里坐坐，与熟人说说话。用归属理论来说，这些组团空间才是真正属于他们的"领地"。

二

建筑群的虚实关系，有人认为虚与实两者是辩证的。虚即是实，实即是虚。现代西方心理学有格式塔派（Gestalt Psychology）他们也认为虚与实是互补的。"在一个视野内，有些形象比较突出鲜明，构成了图形；有些形象对图形起到烘托作用，构成了背景，例如烘云托月，或万绿丛中一点红。……"如图 12-6，这些图形都说明"格式塔"理论。有人研究中国园林建筑也有这种"格式塔"效果（"格式塔"又译成"完形"，也比较确切）。图 12-7 是苏州网师园建筑实与空的一正一

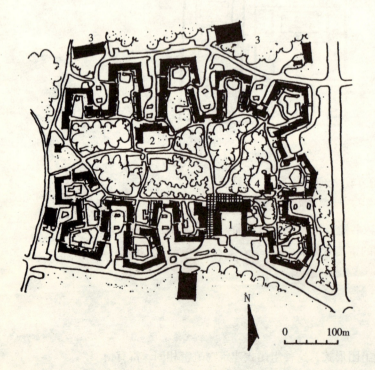

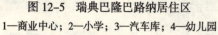

图 12-5 瑞典巴隆巴路纳居住区
1—商业中心；2—小学；3—汽车库；4—幼儿园

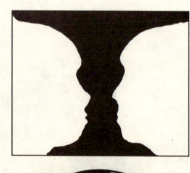

图 12-6 格式塔图示

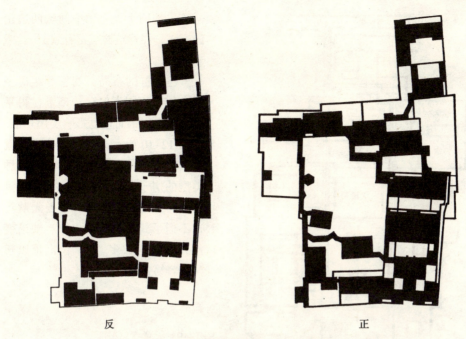

反　　　　　　　　　　　　　　正

图 12-7　苏州网师园平面的形、底互换

反的效果。"在建造建筑'实'的部分的同时也考虑到建筑所围绕起来的'虚'的空间。从中国的一些典型的住宅建筑中，如果我们把建筑当作'黑'，把院落当作'白'，它们所构成的平面图案，正类似汉字的结构，黑与白是相生的、互补的，有了'黑'才产生'白'，有了'白'才衬出'黑'。"（冯钟平《中国园林建筑》，北京：清华大学出版社，1988）

三

图 12-8 是苏州寒山寺总平面图。这个寺院内的建筑比较松散，但又有疏有密，不是均布的。入口处一个空间，西为照壁，东为山门、天王殿，左右两边围墙，形成一个"序"空间。天王殿之后，一个不大的、较规则的空间，正前方就是大雄宝殿。院南为服务部，院北有罗汉堂。在东北角，则是一条折线形的廊子，将人们引向后面的钟楼。"姑苏城外寒山寺，夜半钟声到客船。"（唐·张继《枫桥夜泊》诗句），可谓脍炙人口。也是此寺中的主要建筑之一。大雄宝殿后面的院子，南为钟楼，东为藏经楼，北为五观堂等，这里的空间就显得较为疏落，即"虚"。最后有普明塔，所谓寺的"大轴子"，所以此寺也有一定的轴线形。这个建筑的虚实关系处理得很好，不但在形式，而且也在功能。

图 12-9 是宁波天童寺总平面，建筑比较密集，顺着山势自南至北

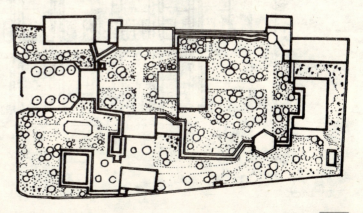

图 12-8　寒山寺总平面

第十二章 虚实与层次

一进进地向上，采用中间疏两边密的方式，使建筑群疏密有致。

四

建筑群的布局，切忌等距离平铺直叙，否则不但在造型上显得平板、无生气，而且也影响实用功能。如图 12-10 所示，这个居住小区就是个典型的例子。小区内只有两种类型的房子，前后左右作等距离排列，每家每户，所谓"童叟无欺"。这不但形式显得千篇一律，缺乏变化，而且这么多"家"，也难以辨认，容易走错人家。

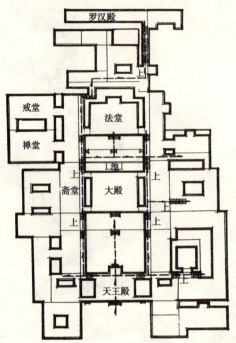

图 12-9 天童寺总平面

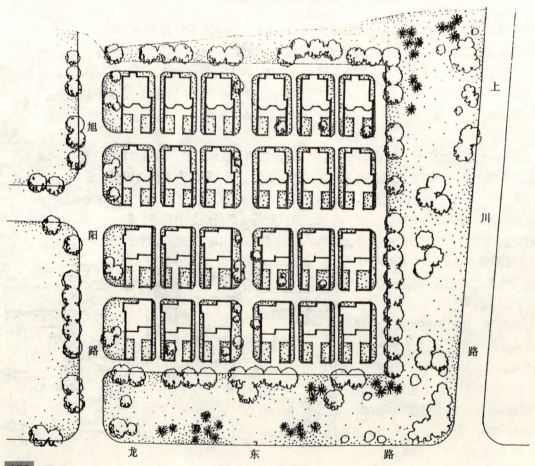

图 12-10 居住小区

第三节 建筑的视觉层次

层次是许多艺术的一个共同的形式美法则。在绘画上，层次很重要，没有层次的画，缺乏深度感，缺乏艺术情趣。如图 12-11 所示，这是一幅中国山水画，前面的景遮住后面的景的下部，使景物层层推出，不但使画面有深度感，而且也就产生了绘画美。前景与后景交接处用虚实关系表达，这就是艺术。在小说里，人物也有层次，如《水浒》中，108 将不是平铺直叙，而是有层次的，有的主要（如宋江、武松、林冲等），多用笔墨，有的次要（如段景住、蔡福等），小说里的人物写得有层次，结构就厚实，容易表达主题和内容。建筑有层次，空间就有变化，就有情趣。诗词也同样如此。唐代著名诗人白居易的《琵琶行》，其中有"犹抱琵琶半遮面"，生动、含蓄，不可多得。北宋词人欧阳修有《蝶恋花》："庭院深深深几许，杨柳堆烟，帘幕无重数。……"这不但是词的层次，更是景的层次，园林的层次。

建筑的层次分两大类，一类是视觉层次，一眼就可以看见空间的层次。直觉的，如上面所说的《蝶恋花》里所描写的景，就是视觉层次，如图 12-12 所示。另一类是非视觉层次。小说里的人物层次也可以说是非视觉的。建筑的非视觉层次，例如展览、陈列空间，里面分一间间的陈列室，这是视觉一下子不能看到所有空间的层次关系。这种空间层次，其性质是意象的。

如图 12-13 所示，列出 5 种视觉层次手法。（a）是只有一个空间的房间（平面图，S 是视点），或可称"原空间"；（b）是利用两边墙上伸出一点墙，就形成两个

图 12-11 中国山水画

图 12-12 景的视觉层次

第十二章 虚实与层次

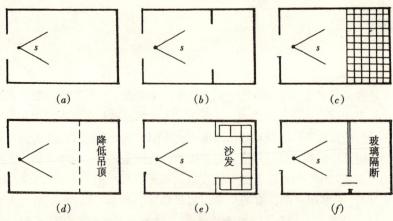

图 12-13　建筑的视觉层次

空间的感觉，有的房间墙上有壁柱，如果要使这个空间分层次，就可利用这些壁柱；(c) 是用不同的地面材料分出不同的空间层次，同样，若地面本身就有高低差，则也是分层次的依据；(d) 是利用不同高度的吊顶来分层次，或者空间本身就是不一样高的，那么高和低的空间就是不同层次的；(e) 是利用家具布置分出空间层次，图中画的是沙发，也可以用其他家具，如桌子、矮柜等，但这些都需从功能出发；(f) 是利用玻璃隔断，可以看见里面的空间，但又明显地分出内外。如果不用玻璃隔断，用的是博古架式的隔断，同样起到视觉层次的效果。

二

图 12-14 是苏州怡园平面图，池水用曲桥来分隔，使池水分成两半，景也分成两半。园林之景，贵在层次。为什么园林里多用廊？廊自身是景，同时也起到分景的作用。这种例子是很多的。

图 12-15 又是一种视觉层次的实例。这是苏州留园中的揖峰轩平面。站在揖峰轩处看石林小屋，或站在石林小屋处看揖峰轩，在园林景观上叫"对景"。对景是此景看彼景是景，彼景看此景也是景；它与借景不同，借景是此景看彼景是景，彼景看此景是看不到的（如无锡寄畅园借锡山为景，但站在锡山上找不到寄畅园在何处。）对景的两者相距若较近，则赏景效果缺乏一定的视距，相互赏景两者都觉得很别扭。在园林手法上称"硬对景"，是犯忌的。设计者很巧妙，在院子中置假山石，使视觉有所遮挡，院子空间变成两个。石头使景遮去一半，正是"犹抱琵琶半遮面"的抒情效果。

三

在现代建筑中，视觉层次也多被利用，如图 12-16 所示，这是广州白云宾馆入口处一景。人们到大厅（图之左），正面有服务台，由此通向电梯间可到主楼各层。左边是小商店，右边是小院。这个小院的视觉层次是很有意思的：门厅与小院之间有大片玻璃相隔，视线可透。一眼望去，院子中的廊、桥、水池以及山石、树木等，十分自然。南北两廊之间用一小平桥相连，不仅解决了交通，更重要的是把水池一隔为二，增加了池的层次。还需注意的是桥所分隔的水池是有大小的，小池方正，大池曲折多变，而且配有山石、树木，十分动人。

第三节 建筑的视觉层次

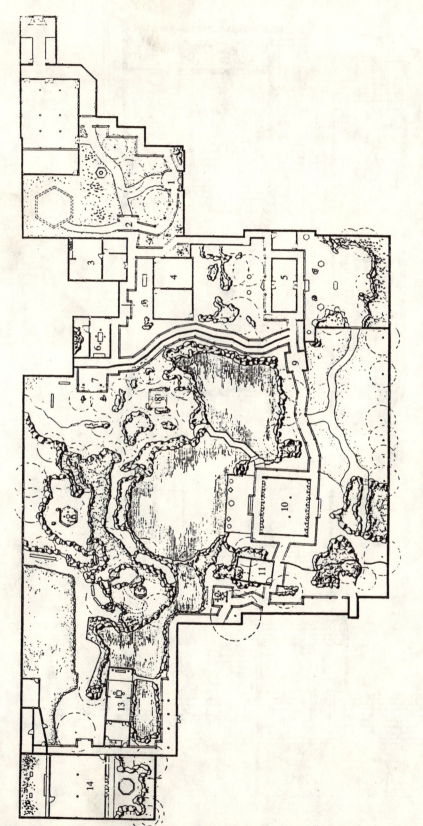

图 12-14 苏州怡园总平面

1—玉延亭；2—四时潇洒亭；3—留客处；4—坡仙琴馆 石听琴室；5—拜石轩 岁寒草庐；6—石舫；7—锁绿轩；8—金粟亭；9—南雪亭；10—藕香榭锄月轩；11—碧梧栖凤；12—面壁亭；13—画舫斋；14—湛露堂；15—螺髻亭；16—小沧浪

第十二章 虚实与层次

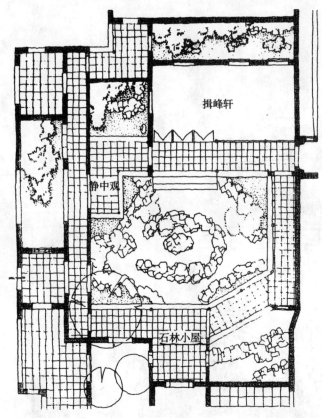

图 12-15 留园揖峰轩

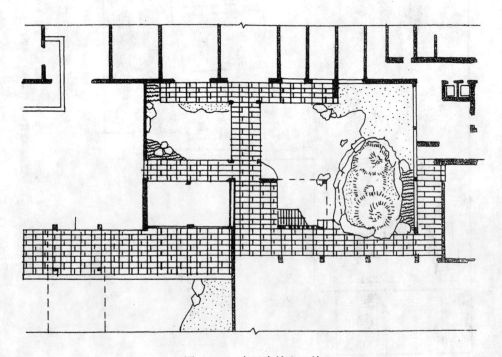

图 12-16 白云宾馆入口处

四

图 12-17 是上海万宝大厦底层舞厅平面。门厅外一个大雨篷。这不只是功能上的需要，同时也是空间层次上的需要。入门以后，中间有大型自动扶梯可直通二楼，在两边，则可进入舞厅。舞厅空间也有层次：中间是舞池，正面还有小舞台。人们站在门厅处，这些空间都能直接看见，甚至还可以深入到更里面，能隐约看到里面的酒吧间。这就使空间层次丰富而厚实。在手法上，分隔空间用了好多种方法，如柱廊、地面高差、玻璃隔断等，甚为丰富。

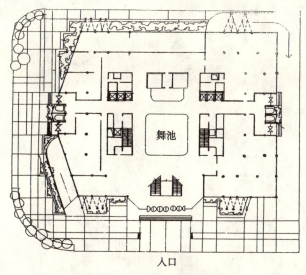

图 12-17 万宝大厦底层平面

第四节 建筑的非视觉层次

一

建筑的非视觉层次，指的是建筑空间的层次性不是直觉的，而是意象的；不是一眼就见到的，而是要依靠记忆的。图 12-18 是非视觉层次的"图解"。这是个陈列馆平面，参观者从入口（箭头方向）进去，一间一间地参观，最后从出口走出。里面有 4 个陈列室，连同入口和出口，这 6 个空间的内容，参观者只能凭记忆回忆出它的"全貌"。因此这个空间的布局，包括单体和总体，设计者要注意使用者的诸多心理问题。

非视觉层次也可称多视场层次（视觉层次也可称单视场层次）。从心理学来说，人对这一组空间的层次感受，是以记忆的形象为主，再辅以逻辑思维而获得。对于建筑，特别是风景园林空间，这种设计手法值得重视。建筑的多视场层次，一定要让每个空间都有强烈的个性，并清晰地被记住；有些空间只需记住流线、顺序，形象不甚重要。图 12-19 是苏州环秀山庄的平面流线，即游览路线。这里有三大空间：一是室内空间，二是室外空间，三是山洞空间。人们从头至尾游览一遍，对环秀山庄空间布局及造型特征基本上有所了解。这里有好多个层次，除了单视场的层次（如有曲桥将水池分割，问泉厅和补秋山房两处室内及它们相间隔的室外等），大量的却是非单一视场的层次关系。

二

非视觉层次，关键在"关系"，如图 12-20，这是一组层次性空间，各空间的造型不同，则容易被记住。图 12-21 是上海鲁迅陈列馆（未改扩建

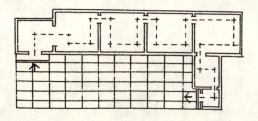

图 12-18 非视觉层次示意

第十二章 虚实与层次

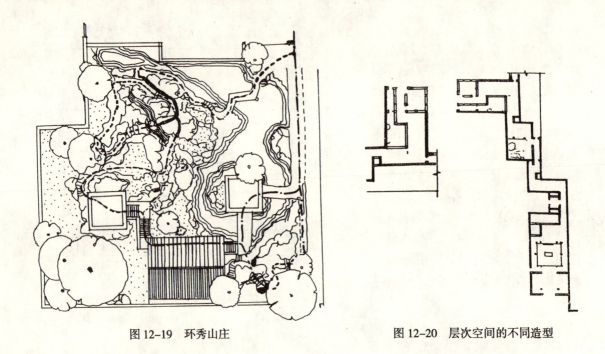

图12-19 环秀山庄　　　　　　　　　　图12-20 层次空间的不同造型

时的形式），这一连串的空间（包括上、下两层），形式相似，但室内陈列的内容不同，布置的形式也不同，所以容易被记住。

三

并不是所有的非视觉层次的空间都需是序列式的，有的非视觉层次的空间中，

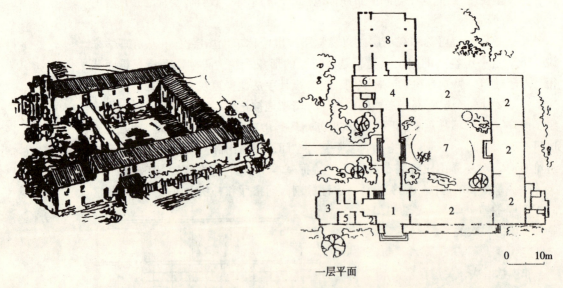

一层平面

图12-21 上海鲁迅陈列馆

1—门厅；2—陈列厅；3—接待；4—休息；5—办公；6—厕所；7—内院；
8—报告厅；9—库房；10—卖品部；11—教室（其中5、9、10、11在二层）

有好多视觉空间，但相互并不连续。如图 12-22，这是广州文化公园中的园中院（茶室），这是层次空间中的一个做得比较成功的实例。这个建筑虽是改建的（原来是俱乐部，后改建为茶室），但改建成庭院形式，空间层次效果很好，也很有人情味。

四

茶室的空间宜做成非视觉、非序列的空间为宜，人们到这里来喝茶、聊天，或者有什么事要商谈，就边喝茶边说话。所以空间不但要流通，也需有一定的私密性。图 12-23 是一个茶室的设计方案。这个设计在中间是个方形的水池，沿池一圈通廊，四周则为大小茶室，楼上楼下一样。这种布局给人的感觉就是有交往性，又有私密性。空间既分又合。

图 12-24 是个机关办公楼的设计方案（底层平面），这是结合地形又结合传统建筑分进布局的方式构成的。前面（图的下面）是办公部分，共 6 层，楼的后面有小花园。中间是餐厅（楼下）和会堂（楼上）。最后部分是杂房。分工明确，空间布局紧凑，层次也合理。

非视觉空间在建筑设计中所遇到的机会要比视觉层次多，因此如何把握这种层次是很重要的。但反过来说，建筑美学往往是一种手段，其目的在功能，特别是现代建筑。因此我们不能为层次而层次，否则就成了形式主义，或"为艺术而艺术"。抓住其目的，精心设计，才能设计出好作品，令人喜闻乐见。

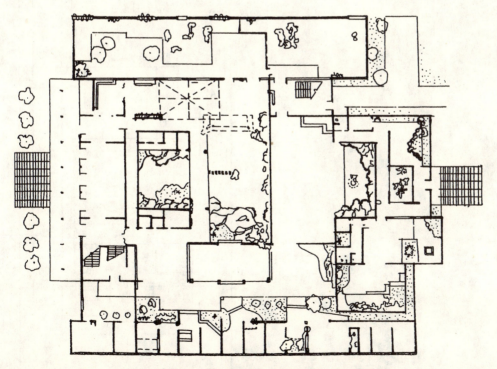

图 12-22　广州文化公园（园中院）平面

第十二章 虚实与层次

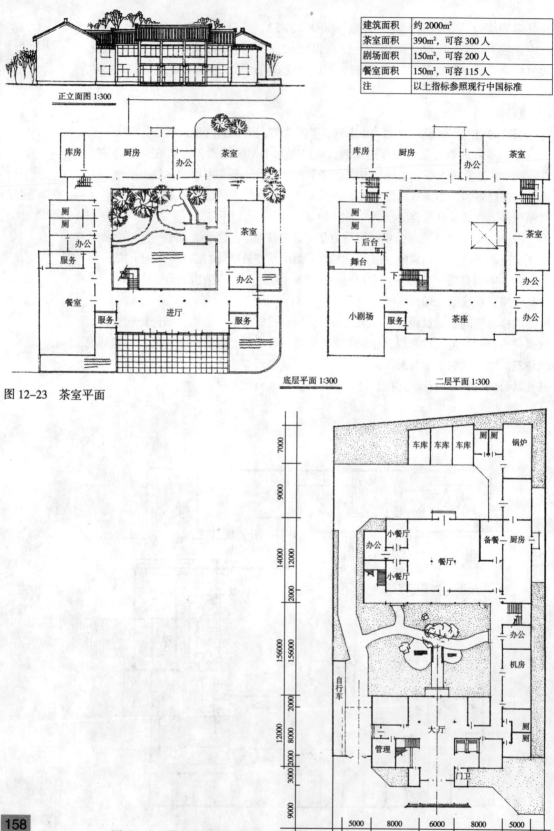

建筑面积	约2000m²
茶室面积	390m²，可容300人
剧场面积	150m²，可容200人
餐室面积	150m²，可容115人
注	以上指标参照现行中国标准

图 12-23 茶室平面

图 12-24 某办公楼底层平面

第十三章 建筑形象的起止和交接

第一节 建筑形象的"收头"

一

建筑形象的起止和交接,又称"收头"。什么叫收头?一个形象的边缘处,起始或终止,或者两个形象的交接,对这些部分的处理,使它有比较完美的交代,就是"收头"。例如我国传统的家具八仙桌,四条边都要做护木,护木之交接处做成45°,如图13-1所示。这种做法就是让易损坏又不好看的边藏起来,则桌子又牢又美观。

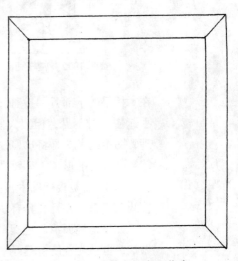

图13-1 八仙桌的桌面收头

收头,在建筑中是很重要的。有的建筑师认为,建筑的细部设计主要是收头处理。看一个建筑师的设计水平,就是看他的收头功夫如何。

建筑中的收头处理的地方是很多的,如外立面上的遮阳板、屋顶与墙面的交接,墙面的不同材料的转换、建筑的转角处理等。处理得好与坏,直接影响到建筑的造型价值。特别是室内设计,由于形象的视距近,视时间长,更要注意这些细部的关键部位。

二

中国传统建筑的屋顶,有两处地方要特别注意收头处理。一是屋檐处,椽子的端部露在外面,就要进行收头处理,否则不但不好看,而且还会被野蜂蛀蚀,损坏椽子。这种收头是靠一块封檐板解决问题。封檐板又称檐口板或遮檐板,设在挑檐端部椽子的头上,是一条通长的木条板。一般用钉子固定在椽子头上,其宽度按建筑的形象比例来确定,考究的大型的建筑用得宽一点,一般为200~300mm,其厚度约为23~30mm。

其二是博风板,又称博缝板。悬山和歇山屋顶,为了保护挑出山墙外的桁条端部,沿屋面坡度而钉在桁条端头上的板称博风板。在清式建筑中,钉头用金色半圆球形装饰物,作梅花形组合,很有装饰性。一般做法是板宽为二倍的桁条直径,厚度为三分之一的桁条直径。宋式悬山建筑在山墙顶端还要做装饰,如悬鱼、惹草等,以示吉祥如意。

三

栏杆也有收头处理。如图13-2所示,这是建筑中常见的楼梯扶手栏杆的做法,

第十三章 建筑形象的起止和交接

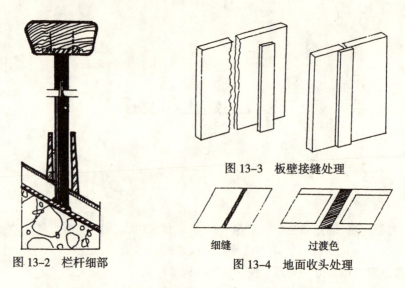

图 13-3 板壁接缝处理

图 13-2 栏杆细部

图 13-4 地面收头处理

在木扶手的下部置一条通长扁铁,以固定扶手与栏杆,这条扁铁虽在下端,被木扶手遮住,看不见,但当人们在楼梯下部时,抬起头来还是看得见的,因此要作处理,图中的做法是将这扁铁凹入木扶手底部。要注意的是,凡是裸露在外面,有可能被人看见的形象,都要进行适当的收头处理。

图 13-3 是板壁的木板接缝做法。板与板之间不够整齐,所以在外面贴一条木,使线条挺直,并且又具有装饰效果。

如果是地面(木地板),就不能做凸起的贴木,所以要用其他办法。企口板的做法,也是为了使接缝好看。如果不是木地板,则又是另外的做法了,如材质、色彩等。图 13-4 是两种不同的地面(不同的空间意义),用的是磨石子或地砖等,包括色彩、肌理等进行区分。考究的还要做过渡,图中列举了两种处理手法。

四

图 13-5 是门框的收头处理。门框与墙的交接处较难做得好。这是两种不同的材料,又是两个不同的工种完成的,所以交接处的缝会做得很不好看。要将这个接缝做得好,就用一根压缝条钉上,一半在门框上,另一半在墙上,将缝盖住。压缝条又叫盖缝条,也叫"贴脸"。"贴脸"一词来自京剧演员的化妆用语。京剧里的旦角多为男演员扮的,梅兰芳、程砚秋、荀慧生、尚小云,称"四大名旦"。他们的唱腔和演技都相当的好,但太胖,不像一位窈窕淑女。所以化妆时要将两块腮帮子用假发贴去一部分,这假发就叫"贴脸"。建筑上便借用此词,以示高雅。

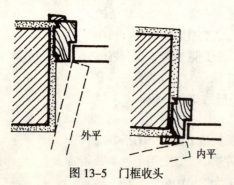

图 13-5 门框收头

第二节 阴角和阳角

一

什么叫阴角?什么叫阳角?顾名思义,两个面交接,凹进的叫阴角,凸出的叫阳角。例如楼梯踏步，踏步面（水平面）与垂直的踢板面构成两种角：踏步面与向下的踢板所交的叫阳角，与向上的踢板面所交的叫阴角，如图13-6所示。凡是阴角，构成阴角的两个面可以是同一种材料（包括材料和颜色），也可以是不同的材料。凡是阳角，此两个面必须是用同一种材料，否则形象不好看，也显得虚假，好像表面是用纸贴上去似的。无论是古典建筑还是现代建筑，这是一条百世不斩的规则。

二

有时候遇到万不得已，建筑师就要在细部设计时精心处理。如图13-7，这种踏步有6种关系。(a)是原型，(b)是踏步面的做法，即所有水平面用的是一种材料，所有垂直面是另一种材料，此时就要将水平面略挑出垂直面，也就是说，要化阳角关系为阴角关系（图13-7），此题也就化解了。

(c)是踏步面与踢板是一种材料，其余是另一种材料。为了避免阳角两个面两种材料交接，同样也可以用图13-7中的手法。

图中(d)和(e)的意思是材料一样，但色彩不同，也是不好的做法，也需换成(f)的做法才可取。

三

阴角与阳角的交接关系在建筑中经常会遇到，如窗台的做法（图13-8），窗台需伸出墙外一点。当然这不只是为了收头，也为了滴水，窗台伸出墙外的部分，下面做滴水（槽），起到保护墙面的作用。但如今外墙面一般已不用粉刷，用的多是贴面材料，这种材料一般不怕水淋，所以也就省去了窗台滴水的做法。但这样做不太好看，好像少了什么似的，所以有人就将本来应当是窗台的位置，用不同的颜色的面砖来"暗示"窗台。

室内地面的踢脚，其材料多与地面材料相同，如图13-9所示。它与墙面同样有交接式的收头关系。图中的几种做法，都是符合逻辑的做法。墙裙、台度等的收头做法也同样如此。

四

如果我们把交接关系进一步拓广，则一座建筑的各部分，在形式上也同样有阴

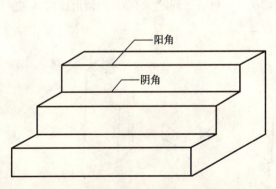

图13-6 楼梯踏步的阴角与阳角的关系

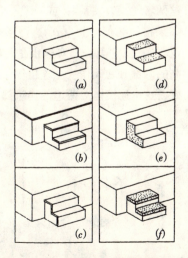

图13-7 踏步面与踢板的做法

第十三章 建筑形象的起止和交接

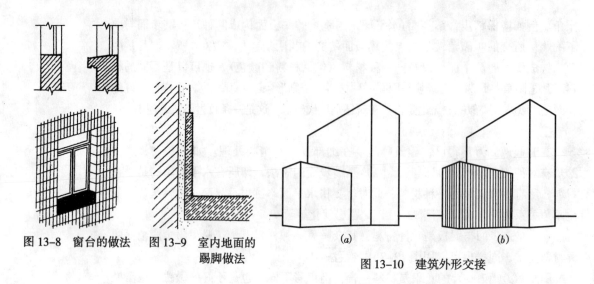

图 13-8　窗台的做法　　图 13-9　室内地面的踢脚做法　　图 13-10　建筑外形交接

角与阳角的交接关系，如图 13-10 所示，这两个部分如果是用同一种外墙材料，则阴角阳角都无所谓。若两者外墙材料不同，则应遵循阴、阳角原则。如图 13-10 的做法，其中（a）是同一种材料，（b）是两种不同的材料。

阴阳角交接不管造型如何复杂，其交接关系的原则是相同的，这也就是建筑细部的美。还是应了本章开头的那句话："看一个建筑师的设计水平，就是看他的收头功夫如何。"

第三节　建筑形象的交接

一

知道"收头"及其重要性，不难理解建筑形象交接的意义，因为建筑形象的交接，事实上就是"收头"理念的扩大。

如图 13-11 所示，这个建筑分两部分，两者如何交接？（a）这种接法不妥，这两者"没有关系"，或叫"不合逻辑"。（b）的两者"关系密切"，"符合逻辑"。如果在功能布局上（a）这种形式是合理的，那就要在造型上来塑造，使它"合乎逻辑"，使它美。其实这也是"收头"。试看图 13-12，其中（a）的情形是在低与高的两部分之间作一个连接体，这就解决了"收头"问题。（b）的情形比（a）更好，这个连接体对两边的建筑都更符合逻辑。

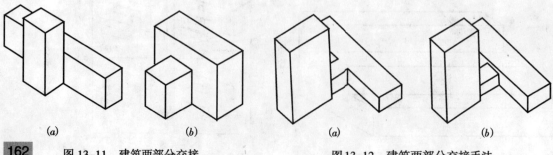

图 13-11　建筑两部分交接　　　　　　图 13-12　建筑两部分交接手法

第三节 建筑形象的交接

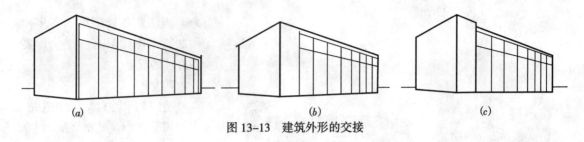

(a)　　　　　　　　　　　(b)　　　　　　　　　　　(c)

图 13-13　建筑外形的交接

二

建筑的外形有许多交接问题，如图 13-13 所示。(a) 的建筑是墙和门窗的交接关系不清楚。(b) 的建筑是墙和门窗的交接处不在转角，而是在转过转角一点，比较自然。(c) 的建筑也同样合理，左边略升高一点，效果也很好。

其实建筑立面上开窗，如图 13-14，将窗在建筑的转角处转过去，也合乎逻辑，当然在结构上也要相应地配合。

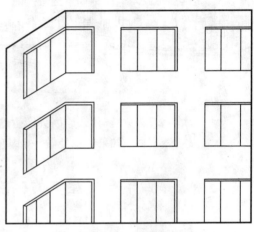

图 13-14　窗的转角

三

图 13-15 是一些细部的交接手法，这是委内瑞拉的莫里诺斯购物中心(实例)，这座建筑建于 1979 年，坐落在首都加拉加斯市。它不仅是个商业中心，同时也是为居民提供综合服务和娱乐的场所。门口角上的墙面用的是圆弧线，为的是引导人们入内。圆弧线要比直线更有动感。值得注意的是这圆弧墙的上端一条水平线，将墙面的上部与下部用缝分开，解决了平的墙面与曲的墙面之间的交接关系。

图 13-16 是某商场里的柱子，它的上部和下部，与顶棚和地面的交接关系做得很好。这也是从传统的柱与顶棚、地面的交接关系脱胎出来的，又传统，又有新

图 13-15　莫里诺斯购物中心

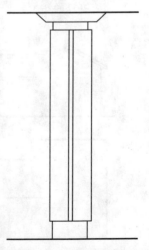

图 13-16　柱的起讫

第十三章　建筑形象的起止和交接

图 13-17　比萨大教堂

意。当然这种处理可以有多种做法，但原则只有一个，即要做好柱的起讫。

四

美国艺术心理学家鲁道夫·安海姆著有《建筑形式动力学》（Dynamics of Architecture Form）一书，书中对意大利比萨大教堂前面的洗礼堂做这样的分析：如图 13-17 所示，他认为这座建筑给人的感觉是正在往下沉（事实上并没有沉，只是形式引起的感觉）。什么原因会产生这种视觉效果呢？正是这座建筑与地面的交接处没有做收头。如果在此处做一个基座，这种错觉就会消失。

第四节　坡屋顶的交接手法

一

坡屋顶的交接也有许多有关收头的问题。坡屋顶类型很多，有两坡顶、四坡顶、歇山顶、攒尖顶，还有重檐顶等。有时遇到屋檐或屋脊有不同高度时，建筑的屋顶变化更多，交接也更复杂。这里说几种常见的坡屋顶交接方法。

如图 13-18 所示，这是两坡屋顶的交接形式。屋脊的高度不同，右边的屋脊顶在左边的屋面上。它们的屋檐高度也不同，左边的屋檐高，右边的屋檐低，因此左边的屋檐与右边的屋檐不可能交合。右边的较低的屋檐终止于左边的山墙处。问题在右边的屋檐在何处终止？显然，不可能在左边房子的山墙头上（墙转角处），否则屋顶如同一个切面，无法收头。因此必须将右屋面的下部出挑处向左方伸过去。伸多少？这是收头做法的关键。

一般的建筑，挑檐的出挑深度多为 600~800mm，因此屋面向左伸出也是这一距离较合理，因为山墙处的出挑也与水平檐出挑距离相等，符合逻辑。

二

四坡屋顶的类似的交接，如图 13-19 所示。与图 13-18 中的建筑比较，两者的平面是一样的，左右两处的建筑高度也一样，所不同的就是屋顶的形式。因此它们的交接有相同之处，也有不同之处。这个交接处应当也是四坡顶式的做法。

如今有好多居住小区有别墅式的建筑，

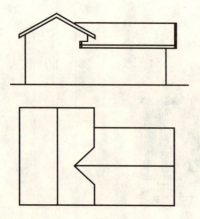

图 13-18　两坡屋顶的交接

第四节 坡屋顶的交接手法

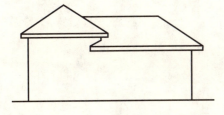

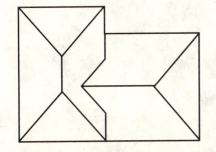

图 13-19 四坡屋顶的交接

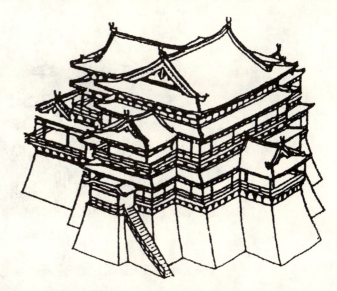

图 13-20 宋画中的滕王阁

坡顶。但其细部做法多有不当之处。类似上面说的坡顶交接，做得不合逻辑之处比比皆是。形式不美，也易漏水、易损坏。看起来屋顶交接是小事，但也大有讲究。

三

坡屋顶是建筑中很普遍的形式，这种屋顶形式做得好坏与否，与屋顶交接处做得好不好有很大的关系。近年来，坡屋顶又多起来了，如何做好坡屋顶？一方面在其整体造型，另一方面就在交接等细部处理。在这里分析几个比较典型的坡屋顶做法。图 13-20 是宋画中的滕王阁形象。其单个屋顶基本上都是歇山顶，但组合异常复杂，有的大，有的小；有的低，有的高；有的纵，有的横；有的单檐，有的是重檐。正可谓"各抱地势，钩心斗角"。建筑的屋顶做得如此复杂，其目的是增加其辉煌效果，也是匠人为了表现技艺。

图 13-21 是唐代长安大明宫中的麟德殿形象（臆测复原形式），三座建筑合并起来，用两个庑殿顶，一个歇山顶为主体，加上一些小顶。但这三个大顶在连接上做得简单化了，把三个大建筑拆开，以免产生天沟，雨水排落到下面。这种做法在构造技术上没有什么难度。其建筑造型不在巧，而在大（是北京故宫太和殿的三倍）。

四

复杂的坡屋顶形式，不但交接巧妙，还表现出匠人的技艺功夫，而且又派生出种种文化内涵。最典型的就是北京故宫紫禁城角楼的屋顶，见图 13-22。这个建筑不

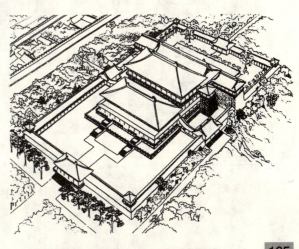

图 13-21 大明宫麟德殿

图 13-22 紫禁城角楼

但造型美,而且后人还给它编出一个有趣的故事。

相传明成祖朱棣一天夜里做了一个梦,梦见一座动人的建筑,美妙无比,由"九梁十八柱,七十二条脊"所组成。第二天,他就命匠人要照此样建造,而且须在九天内完工,做不出来就处决。匠人心急如焚,正值一筹莫展,欲寻短见之时,忽然遇见一位卖蝈蝈笼子的老人,他走到这位匠人面前便问:"要不要买这个笼子?"匠人叹了一口气说:"脑袋也快掉了,还有心思玩这个?"老人却说:"这个笼子与众不同呀,包你喜欢。"说着,便将笼子往匠人眼前一举。那匠人毕竟是个很有经验的匠人,他看看这个笼子,已看出几分名堂,于是就买下来。回家仔细一

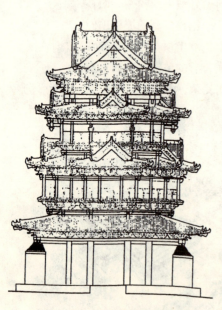

图 13-23 山西万荣县飞云楼

看,数了数,正好是"九梁十八柱,七十二条脊"!建筑形式也很美,他猛然想起:"这可能是鲁班显灵来救我了!"于是便召集匠人,终于建成了这个美丽的角楼。

我国历史上这种变化多端的屋顶不少,还可以举出许多例子。位于山西万荣县解点镇的飞云楼(图13-23)就是其中之一。此楼创建于唐代,今之楼为清乾隆十一年(1746年)重建之物。飞云楼结构精巧,形态端庄,其平面为正方形,边长12m余,楼下有一方形台基,楼高22m余,连基座高23m余。此楼用四根粗大的通天井口柱通贯上下,所以建筑的整体性相当好。此柱直径达70cm,如此巨大的木柱,其实是拼接而成的。这座建筑可用曲折玲珑来形容。特别精彩的也就在其屋顶。它们各部分相互交接做得最美。飞云楼与万荣县的另一座秋风楼、云南昆明的大观楼合称我国古代的"三大奇楼"。

第十四章　空间布局

第一节　空间的组织

一

德国著名建筑师格罗皮乌斯曾说："建筑，意味着把握空间。"现代建筑要比古代建筑更重视空间，因为现代建筑的功能关系比古代建筑要复杂得多。古代建筑，无论庙宇、神殿、教堂，或者住宅、府邸等，它们的功能关系并不复杂；现代建筑则不然，学校有教室、办公室、大礼堂、实验室、图书馆、教师和学生宿舍、饭厅、厨房等。现代医院的空间也很复杂，而且为了避免相互感染，更要对这些空间作一番精心的安排。空间的组织，称得上是现代建筑设计的命脉。

图14-1是火车站的各种空间之间的关系图。箭头所指的是空间之间的关系和行进的顺序。这类交通建筑（还有汽车站、飞机场、轮船码头等），使用者来去匆匆，更要注意空间的关系。"顺"，是火车站一类空间组织的一个原则。这个图是关系图，一个个的框子代表其用途、性质，不代表其大小。有了这种"关系"，做方案就有依据，就"顺"。建筑美学不应当只是纯形式美，也应当包括建筑的功能、结构等方面，合理即美。

图14-2是图书馆的关系图。图书馆的主要功能有两个：一是借书和阅览，二是藏书和研究。因此一般的图书馆就设如图中所列的这些房间。这些空间的关系，用线条连起来，没有什么关系的，或关系较少的，一般就不画连线。图中"陈列报告厅"与图书馆的其他房间关系不甚密切，所以不画连线，它一般是直接对外的。如前所说，这些房间的大小与图中所画的方框大小无关。这些就是建筑空间的组合。

二

建筑设计，往往先从平面的设计开始。但做平面，应当是在做空间。手在画平

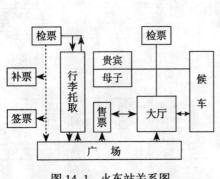

图14-1　火车站关系图

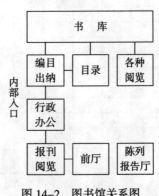

图14-2　图书馆关系图

第十四章 空间布局

图14-3 某住宅平面

面图,眼在看平面图,但脑子里应当思考空间。有经验的建筑师总是这样工作的。下面以住宅为例来分析其空间关系。

如图14-3所示,空间的组织以功能为主,什么房间与什么房间关系密切,就放在边上,什么房间与什么房间疏远,就可以离得远一点。图中画的是两层的独立式住宅,各房间之间的布置比较合理。表14-1列出了住宅各个房间之间的关系。设计住宅,需抓住这种关系。

三

建筑空间的布局,抓住空间之间的关系,可以比作做诗。诗有"诗眼",抓住此"眼",全诗就活了。如宋代诗人王安石有诗《泊船瓜洲》:"京口瓜洲一水间,钟山只隔数重山。春风又绿江南岸,明月何时照我还?"其中第三句的"绿"字是诗眼(一般多为动词,此"绿"字在这里也作为动词),此字使整首诗就鲜活了。相传王安石作此诗时,这个字本来用的是"到",后来觉得平淡无味,于是便改用"过",也觉得不妥,又改用"来"、"入"、"满"等,最终才改为"绿",据说一

家庭生活活动分析及住宅建筑各个房间之间的关系 表14-1

家庭生活		活动特征					适宜活动空间		
分类	项目	集中	分散	活跃	安静	隐蔽	开放	分类	普通标准住宅	较高标准住宅
休息	睡眠		○		○	○			居室	卧室
	小憩		○		○	○			居室	卧室
	养病		○		○	○			居室	卧室
	更衣		○		○	○			居室	起居室
起居	团聚	○		○			○		大居室、过厅	起居室
	会客	○		○			○		大居室、过厅	起居室
	音象	○		○			○		大居室、过厅	起居室、庭院
	娱乐	○		○			○	居住部分	居室、过厅、阳台	起居室、庭院
	运动		○	○			○		居室、过厅、阳台	书房
学习	阅读		○		○	○			居室	书房
	工作		○		○	○			居室	餐室、起居室
饮食	进餐	○		○			○		大居室、过厅	餐室、起居室
	宴请	○		○			○		大居室、过厅	起居室、儿童室
家务	育儿		○	○					大居室、过厅	起居室、杂务室
	缝纫		○		○				大居室、过厅	起居室、杂务室
	炊事		○	○				辅助部分	厨房	厨房
	洗晒		○	○					厨、卫、阳台	厨、卫、阳台
	修理		○	○					厨房、过厅	杂务室
	贮藏		○		○				贮藏室	贮藏室
卫生	洗浴		○		○	○			厨房、卫生间	卫生间
	便溺		○		○	○			厕所、卫生间	厕所、卫生间
交通	通行		○				○	交通部分	过厅、过道	过厅、过道
	出入		○				○		过厅、过道	过厅、过道

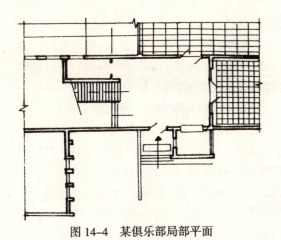

图 14-4 某俱乐部局部平面

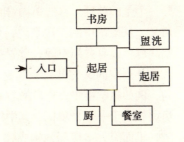

图 14-5 住宅分析图

共改了 17 个字。这在诗歌创作中叫"炼字"。这种精神值得我们学习。在建筑中,空间也有"眼",同样也需精心设计。

图 14-4 是某俱乐部的一个局部(平面),这个进厅称得上是空间的"眼"。人在进厅,可以贯通四个方向:向右是休息厅,交谈或举行小型茶话会也可在此。正前方是舞厅、会场。向左有两个方向:楼下有过厅、咖啡馆、台球室;楼上有报告厅、阅览室、接待室、办公室等。为了使这四个方向有方向力度的均等性,做了一些手法上的处理:将入口的方向与对面舞厅的门不在一条轴线上,否则这条轴线就成了主轴,其他方向都是次要的了;另外,又将楼梯的踢板取消,每一级只有踏板,为的是视线通透,增强了这个方向的底层的方向性。这个"眼"做得很成功。

四

住宅设计,对于各个房间的位置关系很重要。图 14-5 是住宅的分析图。显然,起居室是这组空间的"眼"。

图 14-6 是苏州拙政园的"海棠春坞"(小院)。这是个十分小巧、幽静的空间。这一组建筑空间(包括院子)若从空间的"眼"去分析,廊就是它的"眼"。这条廊起到组织这一组空间的作用。这些室内和室外的空间,有廊缠绕起来,成为一个有机的整体。这条廊也点出了这组空间的审美意境。原来海棠春坞一处,园主人是根据宋代诗人苏东坡的《海棠》诗而做:"东风袅袅泛崇光,香雾空蒙月转廊。只恐夜深花睡去,故烧高烛照红妆。"这里的"月转廊"三字起到诗眼的作用。字义是夜深了,而转意即为深夜探花,爱花之心至深。以廊为"眼",做得十分巧妙。

第二节 空间的关系

一

如果把建筑空间作为"语言系统"来看待,这里面就有许多语法关系。后现代主义建筑就是如此来分析建筑的。

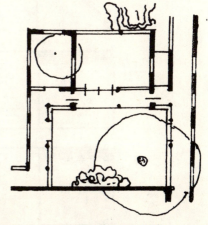

图 14-6 拙政园"海棠春坞"平面

第十四章 空间布局

后现代建筑主张建筑是一种语言,建筑的设计与做作文(composition)没有什么两样。在这里我们不完全同意后现代主义的这种做法,但建筑空间作为语言系统,能使我们理清建筑空间及其造型的许多关系。从语言来看,一个个的空间,可以看作是一个个的单词。这些单词符合一定的逻辑关系组合起来,就成为句子,表达某种语义。从语法中的句法来说,可以包括简单句及各种复合句。那么空间也是如此,空间也可以有并列空间、重置空间、主从空间、宾主空间等。

并列空间又称并置空间,相当于句法中一句句子的并列词或复合句中的并列句。例如教学楼中一连串的教室,宿舍楼中一连串的房间等,都属并置空间,这些房间相当于一个个单词,其中的走廊相当于标点或连接词。居住小区中一幢幢的住宅,里面有许多房间,构成独立的"句子";形式相同的这一幢幢的住宅,便形成"并列句",户外的空间(包括道路)将它们连起来,便形成"并列句"。这是并列空间的拓广。

二

重置空间。一个空间被另一个空间所叠套,就形成重置空间,也就相当于我们常说的套间。重置空间有内外之别。外面一间办公,里面一间可能作经理室;或者外面一间接待室,里面一间工作室;也或者在住宅中外面一间起居室,里面一间卧室。

重置空间的布局,除了要求有一定的面积和层高外,还有一个更重要的问题是私密性。图14-7是两个房间,其关系就是重置关系。(a) 图的情况是两个门对角线设置。这就使外面一间失去尽端空间的作用,使用受到影响。(b) 图的情况比甲图好,留出一块尽端空间,但也有缺点,即私密性问题。两个门对着开,人在外面,可以一直看到里面一间。如果改成 (c) 图的情况就两全其美了。

三

主从空间。如图14-8所示,这是个实例,即上海虹桥国际展览中心。中间一个大展厅,旁边是附属性用房,楼共两层,旁边小房间有三层。图14-9是它的剖面。

在历史上,如东罗马君士坦丁堡的圣索菲亚大教堂,威尼斯圣马可教堂、柏林宫廷剧院等等,都属主从关系。图14-10是意大利维琴察的圆厅别墅平面。虽然四周的房间也都不小,但从关系来说,中间的圆厅还是个中心空间,它们仍属主从关系。

现代建筑中有好多主从关系的实例,如体育馆,比赛大厅就是主空间,其他均是从属空间。图14-11是上海游泳馆平面。

主从空间在设计中要注意它们的层高,大空间层高必须高,小空间层高要低。

四

宾主空间,相当于语法中复合句的主句与从句的关系。从句也是完整的句子,而且它与主句之间

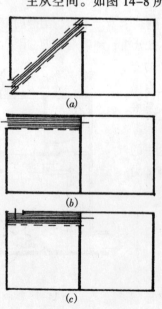

图14-7 重置空间

第二节 空间的关系

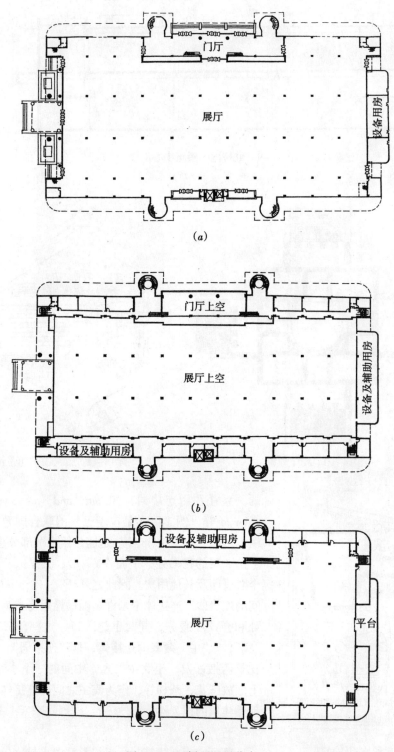

图 14-8 虹桥国际展览中心
(a) 底层平面图；(b) 夹层平面图；(c) 二层平面图

第十四章 空间布局

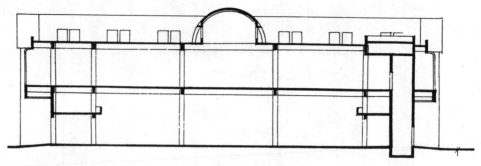

图 14-9 虹桥国际展览中心剖面

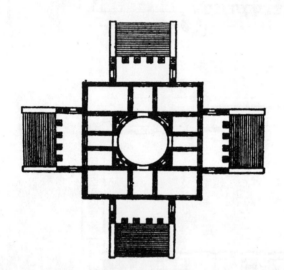

图 14-10 圆厅别墅

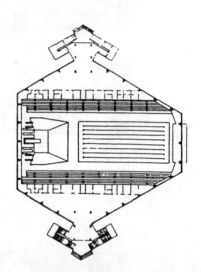

图 14-11 上海游泳馆平面

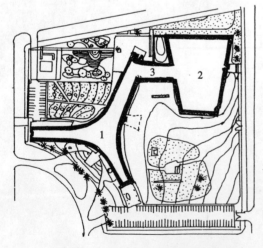

图 14-12 联合国教科文组织总部
1—秘书处办公楼；2—会议厅；3—门厅（连接体）

的关系往往用连接词，如 that，and，so as to，in order to 等。图 14-12 是位于巴黎的联合国教科文组织总部，建于 1958 年。这座建筑由两部分组成，一是 8 层的秘书处，平面"Y"形；二是大、小两个会议厅及其他用房。除此之外还有一个这两者之间的连接体。连接体中是许多辅助性用房，为秘书处和会议厅服务，同时也是入口。这一部分就是"宾"与"主"两者的连接体，是"连接词"。也好比是两把沙发，坐宾主二人，中间的一个小茶几，上面放鲜花、茶杯等，作为宾主之间的连接体。这就是建筑的拟人性。

五

序列空间在建筑空间组织类型中也是比较常见的一种空间组织形式。一般在纪念馆、陈列馆及医疗性建筑中均用这种形式。图 14-13 是序列空间的关系图，箭头所指的从入口向出口行进，这就有比较严格的顺序关系。如某个伟人的纪念馆，一般总是顺着他的年纪、事迹来布置展室的。

图14-14是纽约的古根海姆美术馆（由赖特设计），这个美术馆空间的布局是入口在底层，然后乘电梯到顶楼，再顺着坡道一圈一圈地往下走、边走边参观，最后到地面，看完。

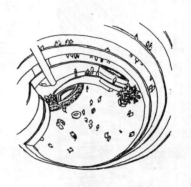

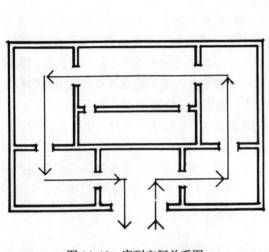

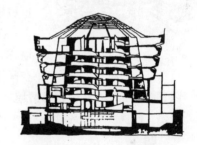

图14-13　序列空间关系图　　　　　图14-14　古根海姆美术馆

第三节　空间的流通

一

空间有两种相对的形式：一是封闭性的，二是流通性的。封闭性的空间，私密性好；流通性的空间，交往性好。孰优孰劣？这要看人的需要。如卧室，要求私密性好，所以一般只开一个门。窗子外面最好不要被人看到卧室内部。有的空间则要求人际交往，空间要求流通。20世纪60年代，美国著名建筑师波特曼提出"共享空间"和"人看人"理念。所以当时的旅馆、饭店，都做有一个中庭，而且做得很考究、宽大。

空间的流通是指两个以上的空间，相互之间有交往性、流通性。如图14-15，这是美国某饭店的中庭空间，人们在这里逗留，得到共享，人看人，人际交往效果甚好。

二

上下之间的流通，有些手法上的问题是值得重视的。图14-16是某宾馆的一个餐厅楼梯。其做法是将左边的空间分上、下两部分，楼上有栏杆，可以看到下面的

第十四章 空间布局

图 14-15 美国某饭店的中庭空间

大部分地方，上下产生流动感。但图 14-17 的右图的情况就失去了上下流通的作用了。有的设计者不理解这种交往作用是怎么产生的，做成这种形式，则失去了上下两个空间的流通、交往作用。从经验分析，图 14-16 中的大厅部分 a 为宽，b 为高，若要它们产生流通性，则 $a/b > 2/3$ 才有效。另外，弧形的楼梯要比直线形楼梯更起到流通作用。

三

如上所说，弧线要比直线更容易产生流通感，面也是如此，曲面要比平面更容易产生流通感。如图 14-18 所示，这是一条弯曲的走廊，空间的运动感是很明显的，人们好像自然而然地会沿着曲面前行。有人称这种空间为动态空间。著名的美籍华裔建筑师贝聿铭认为，弧线的动感来自线条的透视灭点的不断改变，人们在视觉心理上也不断改变着线条的透视灭点，从而人的行为也被导向前方，如图 14-19 所示。

图 14-20 是北京颐和园中的长廊。此廊长达 728 m，堪称"世界第一长廊"，具有皇家建筑气质。若从建筑空间手法上说，也是很成功的。廊是游动性的空间，所以它做得曲曲弯弯，很有情趣之美。与上面的例子一样，廊子转弯，增强了空间的动感，使视线得到连续。

四

图 14-21 是一个大型的独立式住宅的底层平面，住宅中有客厅、餐室、交往空间等，这些空间宜做得通透。这里用室内小庭来组织空间，庭的上空有玻璃顶，四周有玻璃隔断，刮风下雨没有关系，又可以采光。有门、廊等可通行。在图的左下方画虚线处，表示上面是空的。这里的空间为两层，所以在此处还能上下（视觉）

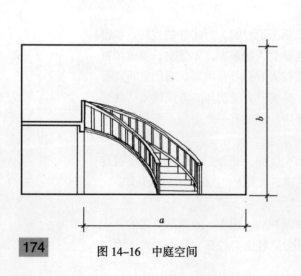

图 14-16 中庭空间

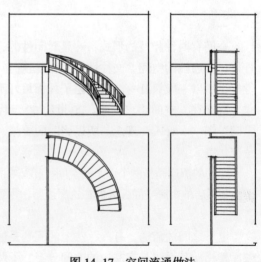

图 14-17 空间流通做法

交往。在这种大型的独立式住宅中，卧室、书房等，做成私密性空间，而起居室、会客室等空间，要做成交往性空间。

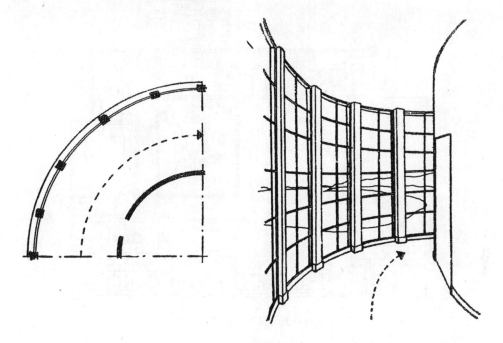

图 14-18　空间流通分析

图 14-19　曲廊顶面的双曲形态，增强流通感

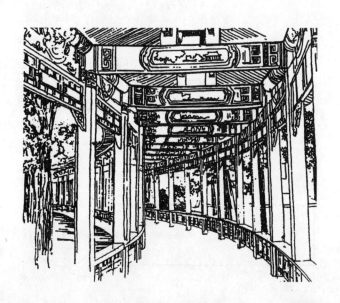

图 14-20　颐和园长廊

第十四章 空间布局

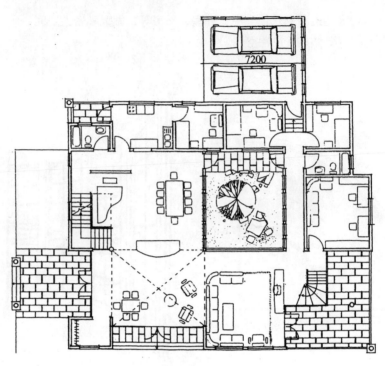

图 14-21 某独立式住宅平面

第四节 空间的方向性

空间的方向性也是空间形态（从美学上说）的一个很重要方面。看图 14-22，这里画出 3 个平面（空间）形式，(a) 图中，人站在这个空间之中，前后、左右的方向感是等强度的。人在这种空间中，在心态上有停止不动的反应。这种空间的优劣，就要看空间的用途。一般说这种空间在心态上显得凝重，所以在实用性上不甚有用。这种空间多用于纪念性建筑，因为从其性质来说，产生庄重、肃穆之感。如淮安的周恩来纪念馆，用的就是正方形平面，效果很好。这座建筑用正方锥形屋顶，正方台基座。用材和色调也很有简洁、庄重的纪念性效果。也有人说这座建筑像牛棚，象征周总理"俯首甘为孺子牛"的精神，转意太多、太勉强，这种说法不可取。

毛主席纪念堂也用正方形平面。长和宽均为 105m，高 33.6m，形态庄重，如图 14-23 所示。巴黎的拿破仑墓（恩瓦立德教堂），其平面也是正方形。

其实如果是一个实体，正方形的形态感也有同样的庄重效果，如埃及的金字塔、墨西哥的太阳神和月亮神金字塔等。

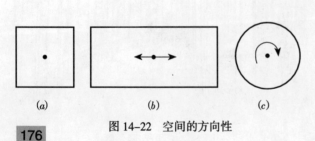

图 14-22 空间的方向性

二

图 14-22（b）中的形式最常见，如教室、会议室、活动室等，需有一定的方向性，但不宜太狭长，否则不但不实用，而且方向性太强，有停不住、坐不安稳之感，如过道。一般说这种平面的长、宽之比在 1.5:1 左右为宜。有人以为最好是"黄金比"（1:0.618），但这未免太"形式"，用不着那么精确。如一般的教室，长宽在 9.3m×7.9m 左右为宜。又如卧室长与宽在 5.4m×3.9m 左右为宜。

三

在 20 世纪 80 年代，从国外引进三角形平面形式。有人不知道其中的缘故，只知道"国外流行"就是好。这太盲目了。其实三角形空间，说到底是求取空间的方向感。如图 14-24 所示，人在这种空间中，对每一个界面会产生两个方向，一个是垂直于界面，另一个与界面平行。这是人对外界所引起的一种行为心理。为了要增多空间的方向感，才做出这种形态，所以绝不只是形式主义。

如果是直角三角形，这个空间就有 4 个方向，两直角边的两个界面，方向性是"等价"的，加上斜边的两个方向，故为 4 个向度。如果这个平面是正三角形，则三个界面共有 6 个向度。

四

空间的方向性不但是空间形象的性质，同时也受空间中的实体的影响。实体也是有方向感的，如柱，一个柱列，6 根到 8 根柱，排成一列，就产生方向感。如果是圆柱，则柱列的方向感很明确，如图 14-25 中的（a）所示。图中的（b），其方向感要比圆柱更强烈。图中的（c）则产生两个方向感，有的校门、公司的大门会采用这种形式，效果当然要比（b）的形式好得多，它把街道的方向引向学校或公司的方向。

图 14-26 是实体方向效果的实例，这是 1937 年在巴黎举行的国际博览会前苏联展览馆前的标志性雕塑，这个形象具有强烈的方向感，包括基座和上面的雕像

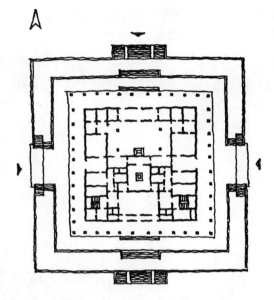

图 14-23　毛主席纪念堂

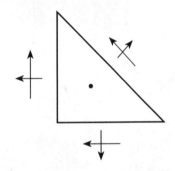

图 14-24　三角形空间的方向感

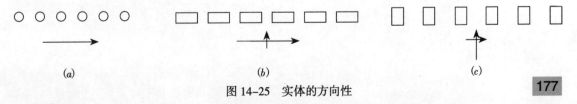

图 14-25　实体的方向性

(由著名的前苏联的雕塑家莫希娜所作),不但有向前的动势,并有蒸蒸日上之感,做得十分成功。

图 14-26　巴黎博览会前苏联馆前的雕塑

第十五章 建筑与色彩

第一节 色彩与建筑的色彩美

一

色彩,近年来越来越被人们所重视。服饰要注意色彩搭配,园林和城市环境要注意色调,饮食也讲究菜肴的颜色,所谓"色、香、味",日常的生活日用品,乃至汽车的颜色也重视起来了。建筑的色调也为人们所关注,甚至对于城市的色调也有所注意。

色彩由视觉产生。视觉包括形觉、光觉和色觉三大部分。我们谈建筑美学,其实以上说的只是形和光的视觉内容,轻视了色觉。建筑的色调也关系到建筑的美。有的建筑,其形象尚可,但色调令人难以容忍:粉红色的墙面,绿色的屋顶,蓝色的窗框……简直让人啼笑皆非。

建筑的色调,有一个最根本的问题:建筑与人,孰主孰从?如果人是主,建筑是环境,则对建筑的设色,要从环境色原则来配色;但若建筑是主,人却成了"环境",就像建筑效果图中的人,是配景。纪念性建筑,似乎人总是"环境"。因此建筑的色调如何配置,要从建筑美学的角度整体地去分析,并建立起一个完整的建筑色彩体系。

二

研究建筑的色彩问题,首先要熟悉色彩的基本内容。人对色彩的感觉,是由视网膜中的色觉细胞引起的。色觉细胞有三类,即红、绿、蓝,好像彩色电视里的三种光原色一样。人对黄色的感觉是由红光和绿光共同作用而产生的。红光和蓝光共同作用则变紫光,蓝光和绿光共同作用则变蓝绿光。客观世界千千万万种颜色,都是由这三种光源产生的,它们之间的比例是多是少,就产生各种不同颜色。

我们在这里,对纯色彩学的问题不去多说,只是对建筑色彩有关的一些基本概念进行论述。除了纯色彩学外,对色彩的研究可以分艺术色彩学和工业造型色彩学两大类。我们这里说的是后者。从工业造型色彩来说,着重在色彩的体系。目前世界上的工业造型色彩理论有三大体系,一是蒙塞尔色系(Munsell),二是奥斯瓦尔特色系(Ostwald),三是工业色标(日本的)。我们中国目前多用蒙塞尔色系,所以在这里只说蒙塞尔色系。

三

蒙塞尔(1859~1918年)所建立的色彩体系,是根据色觉三要素原理构成的,即色相、明度和纯度。色相即色的相貌,是红还是黄,还是绿,还是紫等;明度即色的明亮程度;纯度又称饱和度,如红色,是纯红还是灰红,纯度最低即是灰色。

根据这个关系,我们可以建立一个"模型",称"色立体"。由以上说的这三个

第十五章 建筑与色彩

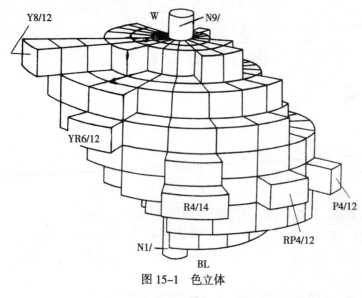

图 15-1 色立体

要素，组成三度空间，就形成"模型"（色立体），如图 15-1 所示。

由色立体可知，中间的垂直轴就是明度轴（无色彩轴，因为在轴上什么颜色也没有，只是黑、白、灰），上面亮，下面暗，上面是"白点"，下面是"黑点"。在轴的中间做一个横切面，此面的最外周，色彩的纯度最高（严格地说这不是一个平面，而是翘曲的）把这个切面理想地做成一个圆面，则圆心是灰点，无色，圆周处称色环，色的纯度最高。按照蒙塞尔色系理论，色环分为五种颜色：红（R）、黄（Y）、绿（G）、蓝（B）、紫（P），如图 15-2 所示。这五种色称基本色（与原色的意义不同），两个相邻的基本色的中点又产生一种颜色，即 RY、YG、BG、BP、PR。这五种色称间色。然后基本色和间色之间再作 10 等分，因此在色环上就有 100 种颜色。然后这些颜色，每一种色再向中心分出不同纯度的色，于是就有图 15-3 的情形。图中色相，左边是 5BG，右边是 5R，从图中可以看出，它们的最鲜艳的颜色，5R 为 4/14，5BG 为 6/6~3/6。各种色相的最鲜艳的颜色，明度是不同的，故如前所说，这个横切面不是平的，而是翘曲的，也不甚圆。

四

根据实验结果，各种色相的明度和纯度的关系，可以组成一个表，即表 15-1。每种色相的明度和纯度都在表中表示出来。如 5R 这个切面，当明度为 2 的时候，它的纯度为 6（图 15-3 中 5R 明度 2 时，其明度为 6 个小方格。）当明度为 3 时，纯度为 10；明度为 4 时，纯度为 14。然后，明度为 5、6、7、8 时，纯度分别为 12、10、8、4。明度为 1 时，眼睛已分辨不出它与黑的差异，所以没有画格。明度为 9 时，同样分辨不出它与白的差异，表中也没有画格。

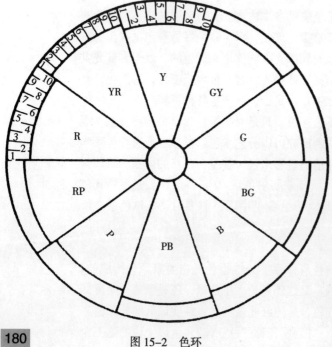

图 15-2 色环

有了这个表，我们就可以制定任何一个颜色，如表明某个产品表面的颜色是 5R-4/14，就知道它是什么颜色。这个好处不只是可以找准颜色，而且还有实际作用。例如一批工业产品，如果生产时用色不符合原来设计要求，就有争论的依据，甚至也可以作为起诉的依据。

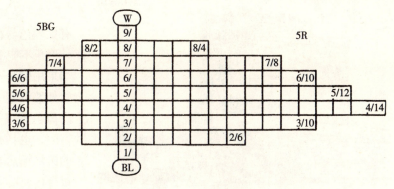

图 15-3　5BG/5R 断面

色系表最外侧的色　　　　　　　　　　表 15-1

H_V	2/	3/	4/	5/	6/	7/	8
5R	6	10	14	12	10	8	4
5YR	2	4	8	10	12	10	4
5Y	2	2	4	6	8	10	12
5GY	2	4	6	8	8	10	8
5G	2	4	4	8	6	6	6
5BG	2	6	6	6	6	4	2
5B	2	6	8	6	6	6	4
5PB	6	12	10	10	8	4	2
5P	6	10	12	10	8	6	4
5RP	6	10	12	10	10	8	6

第二节　建筑的外形色

一

建筑外形的设色，可以归纳为几个原则：

一是受环境的影响，要与环境十分协调。如前说的云南大理的白族民居，多用黑、白、红、蓝 4 种颜色，它与当地的苍山洱海的风景协调，所以显得很美。江南一带，青山绿水，所以这里的传统建筑，色调上称之为"粉墙黛瓦"，显得很有文化气质。

现代建筑的外形色，讲究的也是以素雅为上。建筑外形多用白色或其他浅的灰色，如灰红、灰黄、灰蓝等。这种建筑色彩容易与周围环境协调，它的明暗效果多用阳光、阴影来表现，不靠建筑自身的颜色来表现。

二是面积效果。面积大的，如大片的墙面，色宜简、浅、灰。但也有例外，如墨西哥的传统做法，喜欢在墙面上画壁画，形和色都很丰富，这是特例。图 15-4 是墨西哥的一所高等学校的图书馆，墙面用马赛克镶嵌成壁画。形象复杂，色彩斑斓，反映出墨西哥建筑上的文化传统，它能使我们联想到古老的玛雅文明。

第十五章　建筑与色彩

图15-4　墨西哥建筑上的壁画

三是色与质的配合。有些设计者没有把颜色与材质联系起来，认为建筑的外形色不能用黑色，这种说法比较片面。如果用的是石灰粉刷或油漆，用黑颜色的外墙确实令人难以接受，要是用磨光的黑色大理石或花岗石，就显得庄重、富丽，也具有装饰性。如上海南京西路的国际饭店及外滩市总工会（原为交通银行行址），下部的墙裙用的就是磨光的黑色花岗石，就是很好的例子。

另外，在黑色的面上，若配上黄色或白色，显得有些令人难以接受；但如果这黑色是磨光的大理石，这黄色或白色是金色或银色，那就会显得神气十足。有些珠宝商店或银楼，店前的横额招牌就是这样配色的，可谓富丽而又大方。金不等于黄，银不等于白，其差别就在质地。

四是肌理。色与质有关，也与表面肌理有关。上海外滩的海关大楼，建筑外形很少有颜色变化，除了门窗外，所有的墙、柱及屋檐等几乎都是水泥的颜色，即灰米黄。但这座建筑在表面肌理上的变化是很明显的。此建筑的下部基座部分，外墙面上用毛石（花岗石）贴面，表面凹凸很强烈，石质特性表现得淋漓尽致。建筑的上部抹得比较平正。这就使建筑产生坚固、稳重的感觉。意大利文艺复兴时建造的佛罗伦萨的吕卡第府邸，共3层，外墙面同样是自上而下由光到毛，见第三章第二节。

现当代建筑，由于建筑材料发展很快，目前又有许多新的贴面材料问世，色彩多样，质感强烈。所以，设计者必须把握这些材料，色、质都要注意。最好是实地去看一看，视觉效果如何。用文字描述说不清这种感受，用照片或摄像等也不完全能反映真实效果。

二

色彩关系有许多概念，一般都用对比与调和的关系来表述。色彩三要素，就有三种对比关系，即色相对比、明度对比和纯度对比。另外还有冷暖对比、面积对比以及综合对比等。建筑色彩的对比，较多的是综合对比，即几个对比一起运用。例如在一个建筑立面上，墙面与门窗之间就有明度对比和面积对比。

色相对比即红色与蓝绿色，紫色与黄绿色等，也就是蒙塞尔色系的色环中的对角线关系。相邻的颜色是调和，如红与橙、绿与蓝、蓝与紫等。如果在色环中两种颜色位于直角关系时（如红与黄绿，蓝与紫红等），则成弱对比，对角线关系则是强对比。这些关系没有好坏之分，看需要而择取。

明度对比比较简单，就是色彩的明与暗的对比关系。按照蒙塞尔色系的关系，明度对比可以用明度中的"度"来理解。明度对比强烈，明度差别在4度以上，如"2"与"6"，"4"与"8"等；明度对比弱，其差别在2度以下，如"2"与"4"，"5"与"7"等（参见蒙塞尔色系的"无彩轴"）。

纯度对比就是纯色与灰色的对比。强对比就是鲜艳的颜色与灰的颜色之间的对比，如黄色，最鲜艳的黄色纯度为"12"，（明度在"8"处），它与纯度只有"2"的黄色（明度相同；若明度也有不同则是双重对比了）形成强烈对比。弱对比的概念与明度对比的强弱概念相同。

冷暖对比是指冷色调与暖色调的对比。在蒙塞尔色系的色环中（图15-5），将左上角至右下角进行分切，左上半部为暖色调，如红、黄等色；右下半部为冷色调，如蓝、紫等色。凡靠近分切线的，则不冷不热，如绿、紫红。

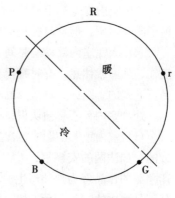

图 15-5　冷暖对比

在色彩对比关系中，还有时间对比，或叫连续对比。我们可以作一个试验：如果你长时间观看红颜色，然后你的视线移向白墙（或其他白色物体）上，就会在白墙上产生一块蓝绿色，它正是红色的补色（色环上对角线的颜色称补色）。

第三节　建筑的室内色

一

首先说一个实例。相传有一位外科医生，在给病人动手术，好几小时全神贯注地工作，两眼一直盯着带血色物体。当他做完手术，已精疲力尽，这时他无意中把视线移到手术室内的白墙，忽然看到一个蓝绿色的东西在晃动，而且他看到哪里，这东西就跟到哪里。他神经很紧张，于是就病倒了。后来别的医生给他治疗，那位外科医生就痊愈了。这个"蓝绿色的怪物"其实就是由于医生长时间注视血色所引起的，它患的是视觉疲劳症。在他的视网膜里，红色视觉细胞由于长时间全神贯注地看，用得过量了，所以视线移到白墙上，所见到的不是白色，正是红色的补色蓝绿色。从此以后，国际医学界认为，手术室内不宜用白墙面，应当用蓝绿色调的墙面。所以如今大部分医院的手术室墙面都用带蓝绿色调的浅灰色，从而这种怪现象消失了。后来有好多医院手术室内的医生、护士的衣服也是蓝绿色的。这也可见室内设色很重要。

二

建筑的室内色彩问题，首先要了解室内的视觉特征。大体说，视觉特征不外有以下四个：

（1）室内空间的照度低于室外：由于空间被物质遮拦，天然光线只能通过门、窗、天窗等射入室内。这种低照度对人来说却是有益的，人若一直在户外强光下活动，眼的机能就容易衰退。但这种低照度以不被感觉到为好。

（2）光源定型：室外光由于太阳方位从早到晚改变着（一年四季也不同），光源不定向；室内光源则基本是定向的，总是从门、窗或天窗透光处射入室内。这样，就使室内的采光配色基本固定。

（3）室内视距短于室外：室内空间，视距一般不会大于百米。当然也可以透过窗子向外观望，但这时视觉性质已不属室内了。

（4）人在室内活动的时间长，视野比较衡定：有的人一天中大部分时间在室内工作、学习或休息，有时甚至在一处长达数小时。室外活动的情况就不一样，多半是行进式的。因此，对室内的光和色也就更有讲究。

处理室内色彩必须认识室内光和色的下列三种关系：

（1）室内色彩的影响色比室外少：古典主义画派、学院派的作品大多是室内完成的，如法国的安格尔、大卫等，画中光线柔和，光源明确，固有色强烈。相反，印象派的作品多为户外写生，如法国的莫奈、雷诺阿等人，画中的形象五光十色，特别是画中的暗部，受其他光色的影响较大，色彩甚为丰富。正是由于室内光和色的定型性，所以反过来也就容易塑造空间的色调。

（2）自然光与人工光结合：室内环境对人来说不但要满足物质功能，更有精神功能。室内空间的人工光（照明）不仅仅是为了补充室内照度之不足，而更多是为了组织某种氛围、文化气质。由于室内本来照度不高，所以其效果更容易显示出来。

（3）人工色彩：与室外不同的是它几乎都用人工色，由人选定、处理，即使是室内绿化，也是经人选择的。室外光色的自然成分要比室内多，如天空、山峦、树木等。这样，室内设色的内涵就相当丰富了。例如，室内的顶盖（顶棚）室外显然是没有的。

三

室内空间色彩处理与颜色视觉，大体有下述这几方面需注意：

（1）色彩的冷暖：这是色相的重要的视觉特征。有的画家甚至强调，色相问题就是冷暖问题。室内设色时，把握冷暖调子是相当重要的，也有实用意义。如房子在夏天比较热，则适当用冷色调，可产生令人感到清凉的感觉，有的房子冬天较冷，则采用暖色调，给人一种温暖之感。

（2）色彩的进退感。一般说暖色调有"进色"感，即感觉的距离要比实际距离近；冷色调有"退色"感，即感觉的距离要比实际的距离远。如果要使房间增加深度感，可以在深度方向的壁面上设冷色。有些公共性建筑，特别是纪念性建筑，这种效果很起作用；对于娱乐性的空间，如投镖、打气枪一类的娱乐性空间，若能给射手或投手在感觉上增大视距感，则将会给他增加某种快感。

（3）利用色彩的明度要素：利用色的明度要素也是比较有效的。明度对比强烈之处，引人注目。室内空间明度增加，会引起人的兴奋感；相反，就会沉静下来。晚上睡觉要熄灯，也就是这个道理。

据有的专家分析，如果人的视野内经常保持有四分之一的视野是绿色，对人的健康有益。如果人处在一个充满各种鲜艳色彩的空间中，也是和谐的，这种和谐属兴奋型，充满活力。对人体健康不利的是长时间处于彩度很高的单色相环境中，因此，一些给人幽雅感的空间，总是用大面积的带灰的颜色，如米黄、淡绿灰等。由于这些颜色都不纯，含有相当多的其他颜色，不但给人有舒适感，而且对健康也有益。

室内色彩有时还有指意作用，指引你的心情向着设想要达到的境界展开。例如，一个与航海有关的场所，可以在色调处理上隐约示以"海"的意象；但切不要太像，太像则俗。要是在墙上饰一块壁毯，蓝白相间的色调，会令人潜在意会到"海"。意境，这是设计的最重要的主题所在。

四

室内空间的处理方法有多种多样，其中最主要的是以功能来分。以建筑室内功能分类来研究设色手法，其优点首先是具有实用性；它也有一定的科学性。在此对各类建筑的室内色彩做一简要分析。

首先是居住类，包括家庭中的卧室、起居室、餐室，还包括旅馆中的客房、各种机关、公司中的集体宿舍房间等。我们不能说居住类空间色调用红的好还是绿的好，用暖色调的好还是冷色调的好，用高明度好还是低明度好，而是应当在风格和文化上来说，即强调的是活泼愉悦还是文静秀美。卧室与客厅、餐室、书房等也是有区别的。客厅的色彩一般应当热烈些，因为这里是家人共聚共享之地，也是迎宾接客的场所。一般的做法，宜在大面积低纯度颜色中，适当地插入一些高纯度的颜色，使之不产生沉郁之感。卧室则重在安卧，所以宜比客厅来得文静，色不宜多变。特别要指出的是，有的喜欢在墙面上挂大幅色彩斑斓的画，其实这不好，这是个尺度的问题，墙上所放的画，所占面积不宜大于总墙面的四分之一。至于画的内容和风格，则可以各人各有所喜欢。

餐室一般不大，也不高。从明度来说不宜太高，以"雅"为上。这种餐室宜暖色调浅灰色为好，而且宜简洁。节日，或者有贵客到来时，可以添加饰物以助兴。食物上的照明，忌用色光。

其次是学习、研究类。读书、写字、研究等活动，要求静，所以色彩更要文静。从手法来说，学习、研究一类的室内环境色，可以从这几个原则着手进行设色：一是结合空间内涵，是写作还是研究文史哲？是读书学习还是自然科学研究？写作的环境希望有某种感觉上的启示，所以色彩中宜带启发性效果，如在墙上做小块的装饰色，面积要小，宜放在视线经常能及之处，使作者能从中"发现"些什么。如黄的色调，与春天联系起来；金黄色，又能引出秋色。对于科学研究，在视线所及之处最好不要有什么强烈的色彩出现，但应当注意休息时的视觉环境，能有消除大脑疲劳的色调（如淡绿灰，上有隐约的图案等）；二是结合使用者的个性，是联想型的还是抽象思考型的等，据此来布置室内环境色；三是这种室内环境色应当随着使用者需求的改变而改变，不是一成不变的；四是注意表面材料的高雅，不宜太富贵气。

第三是医疗保健类。如前所说，医院室内并不都要用白色，如手术室一类就应当用浅蓝绿色。疗养性的建筑，室内也不宜用纯白色（墙面），因为疗养者一般都没有什么病，他们来自机关、学校、工厂等单位，所以房间的色调希望同家中的卧室或宾馆的客房相近，并适当设一些略有区分的灰色调，如淡青灰、米黄等，以此来区别。

第四是商店、展销类。这种建筑的室内墙面，其实不必做得太精美、昂贵，因为大多数的墙面留给商品、展览品陈列。设计者的任务在于设计商品、展览品的陈列。所以这些空间着重要考虑的是顶棚和地面。这些地方需用什么材料，什么质地，什么颜色。一般说商品、陈列品本身就有丰富多彩的颜色，如玩具，五颜六色。因此室内色彩不宜强烈。

第五是文娱体育类。这类建筑的室内设色要注意运动、比赛时的心理效果。激情，是这类建筑的色彩主题。排球比赛时，其比赛区的地面用橘红色，就是一例。观众席的座位，也是用鲜艳的颜色，红的、黄的、绿的、蓝的等。这种设色有两个好处：一是便于分区，使观众容易认定自己的坐位（有的还与票子的颜色一致），二是万一观众少，那些空的坐位由于颜色很醒目，也使场内气氛保持一定的热烈。

第六是纪念、陈列类。这类建筑往往有庄重、严肃的环境要求。这类建筑室内的设色方法，首先要确定调子。从色彩三要素来说，色相的对比度不宜太强烈。最好侧重于某一色相，然后在这中间利用微差变化，如用蓝，5B，再配以 1~10B 或适当加以 BG、BP 等色。明度要注意方向性，即要明确走向，不宜散。例如，纪念对象的周围明度较低，纪念物（主体）明度较高；或者利用背景色的明度对比，背景暗，主体亮或背景亮，主体暗均可，但必须拉开明度档次，使形象突出。另外，顶部下来的光，具有沉静、庄重、神奇之感，如古罗马的潘松神殿、哥特式教堂等，室内光都由上而下，效果很好。纯度对比的作用是由不同纯度使纪念物产生庄重感，即周围与中心产生差异而强调中心感。

纪念、陈列类的空间环境设色，在"观念"的层次上是比较高的，也要运用一些色彩文化符号，把每种所设之色都赋予某种文化概念。好比红色，比德、博爱的意义，绿色有和平、情缘的意义，蓝色有自由、理想的意义。如法国的国旗，蓝、白、红三色，分别赋予自由、平等、博爱的含义。因此，我们还需了解社会文化方面的内容，提高自己的素养。

第四节　室内色调设计手法

一

有这么一个真实的故事。好多年以前，在日本某城市有一家肉铺子，肉店老板经营有方，生意兴隆，赚了一大笔钱。于是他计划要改造这肉铺子的面貌，将店里店外好好装修一番，以使生意更红火。他要使这店铺神气十足、档次更高，因此他选用橘红色调，说是"热情"、"大方"、"富丽堂皇"。经过数日装修，门面和店堂内装点得焕然一新，于是择吉日良辰开业。开业这天，倒也十分兴旺。图个新鲜，前来买肉的人甚多，可谓摩肩接踵。可是，如此四、五天后，生意就一天比一天冷清，后来竟少有人光顾。一连数周，每况愈下。老板甚为纳闷，于是便去请懂行者说个道理。其中有一位室内设计专家，一语道破个中缘故。他说："顾客看了你店堂里的许多鲜红的颜色，再来看你柜台上的肉，都带有冷灰的颜色，一点新鲜感也没有了。"老板听了，恍然大悟，并立即再次装修，按专家的建议，以白和浅灰色调为主。再次开张，生意果然又兴隆了。这就是色彩的对比作用。

二

建筑室内色调设计与人的心理关系很大。作为视觉环境，室内的色调如何确定？首先要确定主题和环境。例如一个餐厅，用餐者当然是主体；但作为餐厅，还不只是用餐者，同样也应包括餐桌及菜肴、食物等，形成一个主体组合体，俗称"筵席"。这种室内环境指的是室内的诸建筑部件：墙、柱、门、窗、顶棚及其他饰物等，着重要考虑的也就是这些部件的色彩问题。在此，分析下面一些问题。

一是室内环境色的功能性与社会文化性。

1. 室内环境色的功能性。这里说的功能，不是指派什么用场，而是指性质。如餐饮一类，其环境宜热烈，但又不宜太强烈，要恰到好处。具体地说，色相偏暖，明度适中。彩度原则仍是大面积宜偏低，局部小面积较高为好，但应做出自己的功能上的特色。如这个餐馆是粤菜馆，在色调上做出岭南风格较好；若是上海菜馆，则以海派风格为上。不过，像餐厅这类室内空间，着重的是起到烘托饮宴的作用。此外，从整个大厅的空间明度来说，不宜太高，不宜过分表露人的形象；但桌上的菜肴倒是要看得清楚的，俗语说"吃明不吃暗"（这是双关语），同时也能充分发挥美食之"色、香、味"特征。

剧场的室内环境色则又有不同，因为人的注意力在戏，往往全神贯注；不看戏时也不会长时间逗留在观众厅内，所以剧场内的色调不宜突出，甚至形式也宜简不宜繁，最好让人们几乎想不到那个观众厅是什么色调。这样，便增强了观众对戏剧的印象，这才是满足功能的要求。剧场，无论形还是色，应当在门厅、大厅、休息厅等处多用功夫。

2. 室内环境色的社会文化性。这个层次要比功能层次含义深，也要比功能层次更难处理。有些场所，人很嘈杂，各种文化层次的人都有，如宾馆中的中庭、车站中的候车室、商场等。从意义来说，像宾馆中庭那样的空间是应当全面开放的，任何人都可以进去。既然它对任何人开放，因此在空间色调、饰面用的材料等方面要在"大众"二字上着眼，雅俗共赏，童叟无欺。在这种空间中，色调要处理成中间调子，但建筑格调不能降低。

住房的室内环境色的社会层次，关系到住房主人的文化素养。文化层次较高、能领悟艺术之所在者，一般总想把自己的家设计的文雅秀美，藏而不露。有些人虽有钱，但文化层次较低，室内环境往往处理得俗。色彩可谓五颜六色，甚不协调。还要指出，习俗是民俗（folklore），它与"俗气"完全不同。

二是环境定势和色彩的感情导向。

唐代诗人韦应物有《赋得暮雨送李曹》："楚江微雨里，建业暮钟时。漠漠帆来重，冥冥鸟去迟。海门深不见，浦树远含滋。相送情无限，沾襟比散丝。"而几乎在同一个地方，同样是分手场景，另一位诗人李白，却用春暖花开，阳光灿烂的环境："故人西辞黄鹤楼，烟花三月下扬州。孤帆远影碧空尽，惟见长江天际流。"这两首诗都是送别诗，但"环境色"不同，受不同的景的影响，它们所产生的是两种不同的情。这正如两句意义相反的成语："情随景迁"和"景随情迁"。室内色彩设计要重视的正是环境色调对人的心理影响，也就是环境定势或感情导向。

医院病房设计成白的色调，为的是使环境洁净，也为了使病人心情平和，不会因环境的五光十色而使病人不得安宁。当然在更高的层次上说也是心理上的，这种色调对病人来说能得到一种慰籍，感到自己的生命或健康有了保障。

　　舞厅的色调要强烈，有动感，而且节奏和韵律也要有令人不知不觉地翩翩起舞之势。

　　随着时代的发展，当代的室内设计已渐渐地在整个建筑设计中独立出来了。因为一是室内设计的高要求，建筑设计无暇顾及；二是建筑造好以后，最有变化的就是一些主要房间的室内形态，要不断地设计、再装修（如餐厅、饭店、音乐厅等），因此室内设计事业兴旺发达也是势所必然。但建筑设计对于室内空间（设计）来说，也并非无事可做，要完成的工作是为室内设计创造条件，在室内空间设计（包括色彩和形态）时，多少已考虑到这几个方面：空间形态的可容功能有多大？室内饰面的变化可能性有多大？色彩问题怎样考虑等。其实也和空间造型有同样的性质。这就是说在室内色彩设计时，必须把时间预先估计进去，这其实是一种经济的设计法则。否则上好的材料三、五年后都被敲掉，岂不可惜！但廉价材料不能使格调降低。

第十六章 建筑美学与其他美学的比较

第一节 建筑美学与门类美学

一

建筑美学是门类美学。门类美学很多,有一种艺术文化就有一种美学。除了建筑美学,还有绘画美学、音乐美学、文学美学、戏曲美学、舞蹈美学等;还有非艺术文化的美学,如科学美学、技术美学、装饰美学等。门类美学产生于二战以后,兴盛于 20 世纪 80 年代。这也是出于人们对美的需要,希望有某种更深层的更切合某门类的美学,对这一门类的发展有益。后来甚至还出现服饰美学、居住美学、交际美学等。

建筑美学是什么?我们在本书的绪论里已谈到,建筑美学不同于建筑艺术,建筑艺术是建筑的形式美;建筑美学所包括的内容除了形式美,还应包括文化,甚至包括与功能、技术等的关系。而且建筑美学更是哲理性的、深层的。建筑美学所研究的不是"怎么做",而是"为什么这么做"。例如一座建筑,在立面上用多立克柱,建筑美学的命题是为什么用多立克柱。又如西方中世纪教堂形式是哥特式,建筑美学的命题不仅仅是哥特式建筑有哪些特征,或科隆大教堂的历史等,而是要研究这种建筑形式的由来,给人是什么感觉;天津蓟县独乐寺观音阁是辽代的建筑原物(建于 984 年),1976 年唐山大地震时没有被震倒,这可谓中国木构建筑的奇迹。但从建筑美学的层次来分析,这正是中国传统文化的一个重要特征:儒。所谓"儒,柔也。"(汉·许慎:《说文解字》)以柔克刚,这正是中国文化的一种特质。

二

建筑美学作为一个门类美学,它的内容可以包含两个方面:一个是在建筑史实中分析建筑的美之所在,从外国古代建筑、中国古代建筑和近现代建筑这三大系统中来分析建筑的美。还需说明的是中国古代建筑是一个独立的系统,它完整,年代悠久,内容丰富,辐射的范围也很广(影响到日、朝、韩及东南亚诸地)。另一个是通过建筑形式来分析的美,从形式的统一与变化、均衡与稳定、比例与尺度、节奏与韵律、层次与虚实等方面来分析,也就是说通过建筑艺术来分析其美。这一部分看起来似乎等同于建筑艺术,但它在研究层次上要比建筑艺术更深一层。德国哲学家黑格尔说:"美学是艺术哲学"。所以我们也可以说,建筑美学是建筑艺术的哲学。

三

门类美学的一个特点是它直接与应用发生联系。服饰美学与人们的穿着打扮直接有关,布料如何选用?色彩如何选用?款式又如何?还有时新问题等。建筑美学其实也同样。所以建筑美学直接联系到建筑设计,其中有许多涉及到设计手法、建筑造型、建筑材质及细部处理等;但它是美学,它并不具体涉及住宅怎么设计?学校怎么设计?医院怎么设计等。在这一点上,建筑美学又接近于建筑理论。但理论(theory)不同于原理(principle)。

实用性、理论性、艺术性、哲理性,在对建筑的研究上冠以这四方面,大概可以包含建筑美学的主要精神了。

四

包括建筑在内,门类美学毕竟是一门年轻的学科,如何来研究?如何进行教学?其发展方向又如何等,这一系列的问题都有待我们去思考、研究。但不只是坐在案头苦思,更要去实践。设计实践是最好的研究方式,在建筑的创作、设计中用建筑美学理论去指导,反过来实践经验又修正这种理论,相辅相成,这才是正常的。另外,教学中实践也是很有作用的。说建筑美学年轻,其实建筑美学作为建筑学教学中的一门课来说,更年轻,算起来还不到20年的时间,而且所开的是选修课,也没有很好地总结、研讨(指的是校际的)。因此,笔者建议,要重视这门课,它不能像在烧好的一个菜上加点葱花那样被看待。建筑美学应当看成是一门名正言顺的建筑理论课,甚至有必要作为一门必修课。

我们往往抱怨我们中国的建筑师设计水平不及国外名师,真正优秀的作品很少云云。这其实有关教育质量问题,如果我们在专业课程中只注重原来的结构和教学方法,那么教学质量的提高是困难的,建筑创作、设计质量的提高也是困难的。如果我们重视建筑理论、建筑美学等这些课程的建设,相信会是一种提高的出路。

第二节 建筑美学与绘画美学

一

建筑美学与绘画美学有三层关系:一是结构上的关系,如画面的构图,两者有共同的艺术追求。构图上的均衡问题、比例问题、节奏感、变化与统一、虚实与层次等。二是装饰性的,如中国古代建筑上的彩画,特别是苏式彩画,在顶棚上、梁、柱上,画出许多风景、花卉等,五颜六色,起到装饰的作用。西方建筑也有许多绘画装饰,特别是洛可可建筑,总喜欢用绘画来装点建筑。三是建筑画,就是用绘画的形式来表现设计意图。如今称"效果图"。但反过来说,"效果图"不是美术作品。在绘画上,有风景画、人物画、花鸟画以及油画、水彩画、钢笔画等,但不把"效果图"列为一个画种。"效果图",从绘画美学来说没有它的地位。事实上,"效果图"除了技法以外,没有"自我",它的主题或思想性都属于建筑。

因此,从绘画美学与建筑美学的关系来说,实际上只有前面的两种。所谓"建筑画",不能指"效果图",而应当是建筑上的画,用来达到建筑装饰的目的,即上面所说的第二层关系。

二

绘画构图是绘画美学的重要方面。历史上许多优秀的绘画作品,其构图都经得起美学上的推敲。如意大利文艺复兴时期的名作拉斐尔画的"西斯丁圣母",其构图是用画中的 6 个人头联成一个拉丁十字，这就是此画的思想性，表现出对宗教的虔诚。但它是隐含着的，不是显露出来的。

法国著名画家籍里柯（1791~1824年）的代表作之一《梅杜萨之筏》，从构图上说形成两个不等腰的三角形（图 16-1）。这个构图显示出一个生死搏斗的主题。这幅的构图，需从它的主题说起。籍里柯当时去意大利，想在那里学习著名的艺术大师米开朗琪罗的作品，后来他回到巴黎，正值那时，巴黎在纷纷的议论一只船在海上遇难的事。两个生还者的叙述登在报上，成为话题。但籍里柯从梅陀萨的沉没产生不断的想象。他不惜花费时间收集材料，找到这只船的木匠，让他做个同样的木筏。他又数天在医院里观察病人的痛苦表情，并要求那两位生还者让他画像……。这幅画耗时 16 个月，画中所有的人都是照真人写生的。画家德拉克洛瓦也为他当模特。这样的画法在当时是创新，观念上也是新的。德拉克洛瓦对此画十分感动，所以他的作品《但丁和维吉尔》在很大程度上受《梅杜萨之筏》的启示。

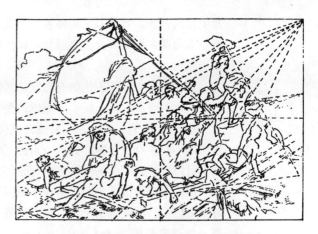

图 16-1 （法）籍里柯《梅杜萨之筏》

图 16-2 （法）德拉克洛瓦《自由领导人民》

建筑的思想性没有绘画来得显露，往往是隐含着的，用黑格尔的说法是"朦胧的"、"象征的"。德拉克洛瓦的另一幅作品《自由领导人民》（图 16-2），利用人物组合的轮廓线的峰尖式的构图，达到一种力量，一种激情，看了令人热血奔腾，似乎自己也要参加到这一革命洪流中去……。

三

中国画的构图，其思想深度看起来似乎不及上面说的西方绘画那样强烈、明显，但它的主题更含蓄，更强调"以人为本"（主题）。北宋大画家范宽（?~1026年）的作品《溪山行旅图》，在美丽的风景环境中，蕴含着人物悠然自得，人与景和谐统一的境界。同时，还有层次之美。

北宋著名画家兼绘画理论家郭熙（1023~1085 年）的著作《林泉高致·山水训》中这样描述山水风景："春山淡冶而如笑，夏山苍翠而如滴，秋山明净而如妆，冬山惨淡而如睡。"他完全把自然山水人性化了。他又说，山水画要画出"可行、可望、可游、可居"才是妙品。这其实就是绘画之拟人化。

联想起建筑，则中国的园林建筑正是绘画的意境。苏州的怡园，不但其入口的意境充满画意，而且园中的许多景都充满着画意。这种"画"，多为"短镜头"，好像一幅幅花卉小册页。整座园林可以比拟为一本花鸟画集。

四

现代艺术文化与古代的有明显的区别。现代建筑却与现代绘画在美学上有许多联系。这种联系，对分析、研究建筑美学无疑是有裨益的。

从语言学（Linguistics）来说，现代建筑与古代建筑的根本性区别就在于语言系统的不同；绘画也同样如此（当然，中国古代建筑与西方古代建筑之本质上的不同也可以用语言系统的不同来进行分析）。

现代绘画的审美准则并不在于表现所描绘的事物是否像，如画一盆水果，画得好像可以吃；画一幅山水画，如同一张彩色照片。现代绘画的审美标准在于画的境界，如康定斯基（1866~1944年）的《秋》，抽象地画出金色的秋意。这幅抽象画若一经点破，观者会越看越像秋天。有的画，如荷兰著名画家蒙特利安的《红、黄、蓝三色构图》是典型的抽象画（风格派）。有人问建筑师勒·柯布西耶，抽象画表现什么？他回答道："如果要解释这些画表现什么，其实它并不表现什么，它只是表现线条、色彩和构图，总之是表现美。"他接着说："如果人一天劳累，回到家休息一下是一种享受。那么，也让视觉休息一下，看看墙上的那些抽象画，不要去想更多的事，这就达到目的了。"事实上，建筑也同样如此，现代建筑从艺术上说，总是通过门、窗、柱、墙、屋顶等部件来表述它的美。这些东西像什么？其实什么也不表现。

野兽派画家马蒂斯（1869~1954年），有一次在画写生，画一位女人。在他边上站着另一位女士在看他作画。她看了马蒂斯的画觉得根本就不像，于是便问马蒂斯："这难道是我们女人的形象吗？"马蒂斯从容地回答道："太太，那不是女人，那是一幅画！"这就意味着绘画并不总是表达像什么，而是一种意象。其实建筑也是这样。不过建筑不可能像现代派绘画，被指责画得像还是不像。

20世纪70年代后，出现了"后现代主义建筑"，他们往往用拼贴式手法来表现作品（建筑）。因此，在其作品中总有许多古典的词汇，如希腊柱、罗马拱等。其实这种倾向在现代绘画中也能找到。著名的超现实主义绘画大师达利的许多作品，看起来各部分都画得很真实，但合起来就矛盾百出，令人费解。另一位超现实主义画家马格利特的作品《比利牛斯的城堡》，地平线压得很低，天空中画了一块巨石，巨石上画了一个城堡。这幅奇怪的画，其实是一句成语："Castle in Spain"（译成中文即"空中楼阁"）。

第三节　建筑美学与音乐美学

一

德国哲学家谢林（1775~1854年）说："建筑是凝固的音乐"；后来有人补充说："音乐是流动的建筑"（一说是歌德说的，又一说是贝多芬说的）。从此，建筑与音乐之间的关系更密切了。英国著名音乐理论家柯克在《音乐语言》一书中说："……中古时期的音乐在构思上主要是建筑式的；浪漫派的作家和文学联系紧密；

印象派则和绘画毗邻；现代派又回到建筑式的构思中去。"但这里所说的"建筑式"，主要是指对称、均衡之类的形式感。其实音乐与建筑的最关键的联系是在表现方式上。音乐中的旋律、节奏、对位、强弱、装饰性等，与建筑确实有许多相似之处。无非，音乐是听觉语言，建筑是视觉语言。

我国著名建筑家梁思成也很赞美"建筑是凝固的音乐"这句话，他曾用北京的天宁寺塔的形式来比拟建筑的音乐性，而且还为它谱成曲子。当我们在观赏这座宝塔时，也确实会联想到音乐，或者说它本身就是一首美好的乐曲，令人神往。

二

如果从建筑美学的角度来分析，建筑中的比例、节奏、韵律，以及对位等艺术法则，在音乐中也同样有，调式、节奏、旋律、赋格以及上行音、下行音等。

音乐与建筑还有一个重要的内在联系在于语义结构。有人问贝多芬："《田园交响曲》表现什么？"他回答说："音乐不能叙事，只能表情。"《田园交响曲》表现许多乡村生活情趣。听这首乐曲，使人会朦胧地想像出乡村景色和生活情景。雷电交加时场景令人紧张，雨过天晴，又使乡村景物显得明快、清新。当然，这首曲子比起其他乐曲来，画面效果更多一些。又如他的《命运交响曲》，其"命运"主题本身就是抽象的，他用"***—*"这四个音来表现"命运在叩门"，是相当确切的。整首曲子，就是由这个节奏进行变形，达6次之多。音域变，节奏不变，以此来表现主人公如何与命运搏斗并最终取得胜利。

这种艺术形态联系到建筑，也同样如此。但建筑似乎更抽象，建筑只能从构图、线条、虚实、比例等手法来表现主题。例如哥特式教堂，那种直指上苍的强烈的垂直线，那种高高的大厅和尖拱式门窗，似乎有一种强烈的震慑力，使自己感到渺小，觉得有罪，要虔诚地信奉上帝，才能到天堂，教堂的建筑形象以及教堂里做弥撒时的音乐，可谓浑然一体。

文艺复兴建筑的那些平和的檐部形象，开朗的圆拱窗以及具有节奏感的柱廊，这一切似乎都在颂扬人世间的美好，世俗比禁欲更有意义。这些主题，也通过抽象的视觉形象表达出来。音乐与建筑，在文化、艺术上是相通的。

三

中国的民族音乐也很优美动人，如果我们听到《春江花月夜》那首曲子，好像徜徉在富春江上，江声月色，美妙非凡，令人如醉如痴。这种乐曲之美，意象出美的景观。建筑也同样，这种美丽的音乐，其建筑诠释就是园林了。承德避暑山庄的意境"月色江声"，正是这首乐曲的诠释。江南园林也同样，苏州拙政园的水面景观，与"江南好"这首弦乐四重奏有异曲同工之妙；无锡的二泉（名胜），与华彦钧（1893~1950年）的著名乐曲《二泉映月》，两者有同样的美。不过《二泉映月》更有其深刻的主题，这其实是在写作者的含辛茹苦的人生，那坎坷多舛的岁月，听起来令人辛酸。但这也是美，是悲剧式的美。日本著名指挥家小泽征尔听了这首《二泉映月》后，说了一句十分"音乐"的话，他说："我不了解这首曲子，初次听到。但我听着听着，眼泪也流下来了。"——这就是音乐。还是这句话，音乐不述事，只表情。建筑是"凝固的音乐"，建筑也同样如此。

四

"建筑是凝固的音乐"这句话是无可非议的,但如果把这句话形式化,则是两种结果:建筑依附于乐曲,则建筑会显得不伦不类;乐曲依附于建筑,则乐曲呕哑嘲哳。有人把威尼斯总督府的立面形象"译"成一段乐曲,但不知道如何译?译成后演奏出来是何感觉?

有些建筑,在形象上硬要凑成某个具体的形象,则总损害建筑的形式感。例如将一座无线电厂的厂房做成一台收音机的形式;或一座汽车制造厂的主厂房做成一辆汽车的形式,都不是成功的做法。有人对纽约的环球航空公司候机楼做成一只大鸟的形象也提出非议,认为此建筑太像一只鸟,失去了建筑本身的形式感。

五

现代音乐与古代音乐完全是两种不同的系统。建筑也同样,古代建筑与现代建筑同样是两种不同的系统。近现代建筑是从1851年的伦敦"水晶宫"开始的,到了20世纪初,近现代建筑走向高潮,其特点之一就是流派的出现。新艺术运动、维也纳分离派、表现主义、风格派、构成主义、未来派等;其实音乐也同样如此,当时有印象派、新古典主义派、新即物主义(产生于两次大战之间),以及后来的爵士音乐、乡村音乐等。这种流派众多的特征,使建筑和音乐两者又一次产生共同性。这种共同性的原因就在时代。

新古典主义音乐的代表人物是俄国音乐家斯特拉文斯基(1882~1971年)。他的作品《火鸟》、《春之祭》等,引起人们强烈的反响,有人支持,有人反对。据说《春之祭》(芭蕾舞剧)在巴黎初演时,剧场里闹得不可开交,甚至戏也演不下去了。其实若与建筑比较,有些近于折中主义建筑(流派)。19世纪下半叶盛行于欧洲的折中主义建筑,代表作就是巴黎歌剧院,它把各地的各种风格的建筑形式组合在一个作品中,但又显示出统一性。这种建筑风格与新古典主义音乐具有相近的特征。

到了20世纪20年代后,音乐界的新风格、新流派更多;建筑也同样如此。但更值得我们注意的是美国的乡村音乐。它来自民间,来自生活,感情十分浓厚、淳朴。乡村音乐,应当看作为一种年代已经久远的民歌形态。如美国著名音乐家福斯特(1826~1864年)的许多作品,真可谓感人肺腑。它的那首《故乡的亲人》,我们好像能在歌中见到美丽动人的村舍,用木板条钉成的小木屋,一条小路,曲曲弯弯,路边有低低的木栅栏;远去,远去,带着忧伤的情调,一直伸向远方,"如今已远离故乡,心中是多么的悲伤。……"

他的另一首歌《我的肯塔基家乡》,是描述美国的小黑奴。快乐童年不再来,何时能见到那美丽的家园:"阳光明朗照我肯塔基家乡,这夏天里人们欢畅。黑麦熟了,草地上花儿也开放,枝头小鸟终日在歌唱,儿童们在小屋门外捉迷藏,好快活好天真可爱。忽听门外有人敲门召唤我,再见了我亲爱的家乡。……"也是带着忧伤的情调,描绘童年时代家乡的美好时光,美丽的家园。

第四节 建筑美学与文学美学

一

建筑与文学,看起来是两个不同的文化艺术领域,可是如果从美学的角度来认识，建筑和文学都是关于人的学问，在这一点上具有共同的主题性需求。建筑提供人们生活活动的空间，不仅满足着人们的物质性需求，而且也满足精神性需求。建筑作为环境，给人以精神的、观念的影响，优秀的建筑，也给人以美的享受。从这个意义来说，它与文学是很接近的。而文学对建筑的描述，以及建筑对文学性意境的追求，则更使这两者有了共同的语言。

建筑与文学毕竟是两个不同的文化艺术领域，文字描写和建筑形象表达，是两种不同方式的表述；然而其精神实质却是相同的。它们是以不同的形式表述着相同的精神。

建筑与文学的关系，可以分表层的和深层的两种。表层的关系多指描述性的，如滕王阁，当我们联想到王勃的《滕王阁序》时，就会增添对它的一层美感；反过来说，一座好建筑，以美的视觉形象给文章以更多的内涵，使文章增色。深层的关系，则通过4个文化境界，即历史、时代、民族、地域，来研究建筑与文学的相互关联性问题。

二

从中国的文学与中国的建筑来看，这两者的关系早已自然地有了联系。我们先从《诗经》和《楚辞》说起。中国古代文学大体可分韵体和散体两大类。根据鲁迅的研究认为，诗歌（韵体）作为文学形式，要早于小说（散体），所以在中国古代文学中，对《诗经》和《楚辞》是首先要关注的。《诗经》比《楚辞》早，但都属先秦文学。那个时代，我们的南方也已开始发展，有吴、楚等国，但南方的文化形态，在风格上与北方的很不相同。《诗经》属北方文学风格，《楚辞》则为南方的。显然，前者富有现实主义精神，后者比较浪漫。拿这种关系去观察建筑，则也同样如此。北方建筑讲究的是功能、社会伦理；南方的建筑除此之外还有许多浪漫色彩。无论屋脊、屋角、山墙等装饰，艺术夸张甚至含有巫术色彩，也许能使我们联想到屈原的《九歌》之类。

就描述来说，可以《诗经·小雅·斯干》中的一首为例："如跂斯翼，如矢斯棘，如鸟斯革，如翚斯飞，君子攸跻。"这是对当时华丽的宫廷建筑的文学性描述。但作为理论研究，不能仅仅至此。《诗经》中的这种描述，不仅仅是使建筑增光添彩，而且也正是由于这种描写，遂使这样的建筑形式作为至高无上的美的形式被确定下来。美，往往一半是客观存在的，另一半是社会文化约定的。《诗经》是"五经"之一，有至高无上的经典性，所以这样的建筑美的追求，也正是中国古代文化或美学上的理所当然之事了。

韵体文到了汉代，由于社会的原因和文学自身的原因，"赋"这种形式有了很大的成就。汉代社会相对来说比较稳定，但这种社会的长治久安，则所谓"治久文繁"，"德盛文缛"（王充《论衡》）。汉赋这种形式就合乎社会之需。当时流行"献赋"、"考赋"，占尽功利。司马相如为陈阿娇写《长门赋》，为的是想劝说汉武帝回心转意，因此文词委婉缠绵，真有打动人心之感。陆机（261~303年）在《文赋》中说："赋体物而浏亮"。赋谓之铺陈其事，分析起来，与汉代的宫廷建筑极为相似。汉代的建筑虽今无存，但我们可以通过诸多资料，想像出当时建筑的壮丽形态。当时的长乐宫、未央宫、建章宫等，可谓壮观绮丽。《西京杂记》中说，

"未央宫周围二十二里九十五步五尺，街道周围七十里，台殿四十三，其三十二在外，其十一在后宫，……"豪华宏大的建筑，与巨幅长篇的赋是多么的一致。

建筑靠文学来描述，文学亦靠建筑而生辉。东汉以后，南方文化有了长足的发展，建筑和文学也同样如此。南朝的刘义庆（403~444年）在《世说新语》中说："宣武移镇南州，制街衢平直。人谓王东亭曰：'丞相初营建康，无所因承，而制置纡曲，方此为劣。'东亭曰：'此丞相乃所以为巧。江左地促，不如中国，若是阡陌条畅，则一览而尽，故纡余委曲，若不可测。'"这可见，到了六朝，建筑的空间艺术已很讲究，而与此同时，文学上也进一步重视艺术技巧。刘勰（465~532年）在《文心雕龙》中说："夫隐之为体，义生文外，秘响旁通，伏采潜发。"建筑与文学到了这个时代，都进一步走向艺术性。

建筑和文学相互影响和借鉴，自此可谓"渐入佳境"。到了唐宋，更进一步，诗词和散文对建筑形象的描述，使建筑更添一层美丽的文学色彩。对"江南三大名楼"的描述，三篇诗文：王勃的《滕王阁序》，崔颢的《黄鹤楼》和范仲淹的《岳阳楼记》，皆产生于唐宋。甚至，早已无存的阿房宫，在唐代也被杜牧再赋陈一番，即《阿房宫赋》。诗词对建筑的描述，使建筑和文学之联姻达到了最高的境界。在此列举一些描述建筑的诗句和词句：

"寂寞空庭春欲晚，梨花满地不开门。"（刘方平）
"闻道欲来相问讯，西楼望月几回圆。"（韦应物）
"碧栏杆外小中庭，雨初晴，晓莺声。"（张泌）
"东风袅袅泛崇光，香雾空蒙月转廊。"（苏轼）
"差池欲望往，试入旧巢相并。还相雕梁藻井，又软语商量不定。……"（史达祖）

也许，中国古代建筑的各种类型，无论厅堂斋轩、亭台楼阁、廊庑门窗、女墙台阶，几乎都被诗词描述过。因此到了明清，就给园林建筑带来好处，它可以现成地利用诗词的境界来构园。如苏州的拙政园中的枇杷园，通过月洞门望去，景物层次分明，"庭院深深深几许"，正是欧阳修的《蝶恋花》之境界。还有那座留听阁，连同前面的荷花池，正是李商隐的《宿骆氏亭寄怀崔雍崔衮》中句"秋阴不散霜晚飞，留得枯荷听雨声。"但这多半是造园者的文学造诣，有意这样设置的，不然为什么叫"留听阁"呢？

如果范围再宽一点，戏曲也属文学。元明清时代，由于社会文化的好多原因，戏曲有很大的发展。戏曲与建筑的关系，不只是戏曲要用建筑来容纳，更深一层的关系也还是文学性的。就建筑而言，则更多的是园林建筑与戏曲艺术的关系了。如江南诸园，多受昆曲艺术的影响；后来弹词兴起，则关系也同样密切。

中国古代文学到了明清，小说大发展，小说作为文学形式，表现力更宽广。对建筑的描述，重点说《红楼梦》的大观园。好事者根据曹雪芹的描述，现在已建起多处"大观园"。不论建造得成功与否，总能说明一点：这些建筑完全出于文学作品无疑。

然而小说之于建筑，不仅仅是大观园。从深层说，更重要的是小说的结构。明清之长篇小说，几乎都是章回式的。细玩起来，这种形式多么像建筑！四合院分进式建筑，无论是宫廷、寺院、庙宇、民居等，无不如是。所谓规模大，不是院子大或房子大，而是院子多、屋舍多。大宅子多达几十个院子，这与小说在结构上是多么的对应；《水浒传》的结构特点是每回都有很强的独立性，这与多进四合院建筑多么相似。

数千年的中国古代建筑，数千年的中国古代文学，两者对照起来，从中能发现新的内涵，这对建筑和文学的美学层面上的研究是很有裨益的。

三

西方建筑与中国建筑不仅形式各异，风格不同，而且基本结构也不同。这种不同的根本点是在社会文化。西方社会文化强调形式逻辑，强调人本性，从而西方古代的建筑和文学有了共同性。西方文化同样也源远流长。说来有些巧，与中国的《诗经》几乎是同时代（约公元前10~8世纪），古希腊早期有《荷马史诗》。这部文学名著称得上是西方文学之源了。后来影响到古希腊、罗马的文学；建筑也如此，同样源于当时米诺斯和迈锡尼建筑。也许可以说，没有《荷马史诗》，就没有希腊、罗马文化，也没有后来的欧洲文化，爱琴文明是西方文化的摇篮。

中世纪，把欧洲拖进了黑暗的深渊；而当它苏醒过来时，最早出现的是基督教文化，但也应当说是城市文化。这种文化在文学上具有市民性，又有浪漫色彩。它们与当时的建筑形态是很相似的，或者说出于同一个结构。叙事诗《列那狐传奇》，仿佛使我们见到了中世纪城市的街巷、民居、法庭等。弗·拉伯雷（1495~1553年）的代表作《巨人传》，是一部著名的浪漫主义小说，在小说中也似乎使我们见到了中世纪哥特式的教堂形象。建筑与文学，息息相关，哥特式建筑的高直形态，也许由于这些文学作品的描述而显得更神奇和美。歌德（1749~1832年）曾对斯特拉斯堡主教堂这样赞美过："……看呀，这建筑物坚实地屹立在大地上，却邀游太空。它们雕镂得多纤细呀，却又永固不坏。"

在西方古代，法国古典主义文化有相当重要的地位，这种文化投射到任何一个文学艺术门类，都有光辉的作品。绘画上有安格尔、大卫等的许多名作；文学上有高乃依、拉辛和莫里哀等许多名作；建筑上有巴黎卢佛尔宫东廊等辉煌作品。这些门类的代表作，细玩起来，则似乎显得风格一致，十分和谐。有趣的是古典主义戏剧的"三一律"和卢佛尔宫东廊的古典主义三段式构图，具有惊人的相同性。

建筑是一种比较抽象的艺术，它不像小说那样以具体的情节和人物刻画出它的艺术所在，因此浪漫主义文学也许与建筑的关系更密切一些。法国著名文学家雨果的《巴黎圣母院》可谓是最好的实例了。这座建筑和这部作品，很像我国的滕王阁和王勃的《滕王阁序》之间那样浑然成一体。

西方古代文学中的诗歌，也同样与建筑发生着关系。有人说英国的林肯大教堂，在这些哥特式的浪漫形态上，我们能读到拜伦的诗篇。另一位英国浪漫主义诗人雪莱，他的作品更倾向自然，他的那首《诗章》，也许在朗诵时会感受到空间的神奇、自然。

当然，西方古代小说的描写自然，也许要比中国的小说描写得更多更具体。屠格涅夫的大段描写俄罗斯自然风光，能唤起读者更多的视觉形象。英国小说家狄更斯的《奥列佛·推斯特》，也仿佛使我们亲临雾都，看到了都市街巷、桥梁、路灯、府邸和贫民窟等。这是西方古代文学的描述特点，也是西方古代建筑文学式的表述。

四

无论是现代社会结构、观念形态和各种现代文化门类，都源于工业革命。因此，现代的一切，一开始就是世界性的。近代西方文化大举东渐，中国也开始了新文化运动。这样，是不是民族和地域性会消失呢？但至少它们是在淡化。建筑是如此，文学也是如此。医院、办公楼、体育馆、商场、银行等，几乎不能分出是什么国家特征。诗歌也一样，现代诗的民族和国家特征已淡化。另一方面流派之间的差异却在增加着。19世纪末开始，建筑上出现了许多流派；文学上也有许多流派，表现主义、象征主义、超现实主义、存在主义、意识流，以及后现代主义、解构主义等。这就是现代文化，建筑和文学，在这里又得到了新的组合。

意识流（Stream of Consciousness）是20世纪30年代前后兴起的一股文学思潮。所谓意识流，就是专注于描述人物的内心世界，着力于表现无意识和潜意识，以及刻画变态心理。若细细分析，在建筑创作手法上也多有相似的情形。如德国的斯图加特新美术馆（1984年），它的入口形态有构成主义之感，内院能使人联想起罗马角斗场，坡道栏杆又能令人想起高技派。但作为符号来分析，却又都是不确定的，只是靠联想引起"语义"。整座建筑，看来似觉东拼西凑，但细细分析，则也顺理成章，所以有人说它像意识流小说。其他如表现主义等，在建筑上也有所反映。

语言学的兴起，使得建筑与文学有了更多的共同内涵。正如英国后现代派建筑理论家查尔斯·詹克斯所说，后现代建筑的最重要的性质就是讲究语言，把建筑作为一个语言对象来看待。把建筑的各个部件作为词汇和句子来看待，本着某种主题思想和结构系统组合成一篇"文章"。因此后现代派的建筑（作品）形象，就完全不同于过去的建筑形象。要是我们以过去的建筑造型手法去鉴赏，就会格格不入。这其实与后现代派文学有很多相似性。后现代文学主要特征是通俗化、商业化和否定文化艺术的既有法则。这种观点与建筑是很相似的，文学的通俗化，在建筑上即所谓"双重译码"；所谓否定传统，其实就是对既有的建筑造型模式的否定，他们利用语言学、符号学的法则重新建构。不懂得传统的建筑形式法则的人反而容易接受后现代派作品。

解构主义（Deconstructionism）也被说成是后结构主义。这种文学作品更出自语言学，把原来结构主义的严密系统解开，再行组合，他们甚至反传统反到更深层，企图否定整个西方文化。这种文学理论更带有哲学性，所以当然也更影响到其他文化艺术门类。20世纪80年代后出现的解构主义，如巴黎的拉·维莱特公园等，可以说明这一点。

参考文献

[1] [宋] 孟元老撰，邓之城注．东京梦华录．上海：古典文学出版社，1956．
[2] 刘敦桢．中国住宅概说．北京：建筑工程出版社，1957．
[3] 中国建筑史编辑委员会．中国古代建筑史．北京：中国工业出版社，1962．
[4] 中国建筑史编辑委员会．中国近代建筑史．北京：中国工业出版社，1962．
[5] 清华大学土木建筑系图书编辑室．建筑构图原理．北京：中国工业出版社，1962．
[6] 陈志华．外国建筑史（19世纪末以前）．北京：中国建筑工业出版社，2005．
[7] [宋] 吴自牧著．梦粱录．杭州：浙江人民出版社，1980．
[8] 刘敦桢．中国古代建筑史．北京：中国建筑工业出版社，1984．
[9] 梁思成著．清式营造则例．北京：中国建筑工业出版社，1981．
[10] [法] 丹纳著．艺术哲学．傅雷译．北京：人民文学出版社，1963．
[11] [英] 戴里克．柯克著．音乐语言．茅于润译．北京：人民音乐出版社，1981．
[12] 建筑历史学术委员会．建筑历史与理论（第一辑）．南京：江苏人民出版社，1981．
[13] 同济大学等四校编著．外国近现代建筑史．北京：中国建筑工业出版社，1982．
[14] 朱光潜．西方美学史（上、下）．北京：人民文学出版社，2003．
[15] [德] 黑格尔著．美学（1～4册）．朱光潜译．北京：商务印书馆，1982．
[16] 建筑师（13）、（14）、（15）．北京：中国建筑工业出版社，1982～1983．
[17] 文化部文物保护科研所．中国古建筑修缮技术．北京：中国建筑工业出版社，1983．
[18] 罗哲文，罗扬著．中国历代帝王陵寝．上海：上海文化出版社，1984．
[19] 清华大学建筑系．建筑史论文集（第六辑）．北京：清华大学出版社，1980．
[20] 叶朗．中国美学史大纲．上海：上海人民出版社，1985．
[21] 前苏联艺术科学院美术理论与美术史研究所，严摩罕，姚岳山，平野译．文艺复兴欧洲艺术（上、下）．北京：人民美术出版社，1985．
[22] 张驭寰．吉林民居．北京：中国建筑工业出版社，1985．
[23] [美] 阿纳森著．西方现代艺术史．邹德侬、巴竹师、刘珽译．天津：天津人民美术出版社，1986．
[24] [罗马] 维特鲁威著．建筑十书．高履泰译．北京：中国建筑工业出版社，1986．
[25] 姚承祖．营造法原．北京：中国建筑工业出版社，1986．
[26] 云南省设计院《云南民居》编写组．云南民居．北京：中国建筑工业出版社，1986．
[27] [俄] 康定斯基著．论艺术里的精神．吕澎译．成都：四川美术出版社，1986．
[28] 高轸明，王乃香，陈瑜．福建民居．北京：中国建筑工业出版社，1987．
[29] [美] 弗朗西斯·D·K·钦著．周德侬，方千里译．建筑·形式·空间和秩序．北京：中国建筑工业出版社，1987．

参考文献

[30] 阎崇年．中国历史都城宫苑．北京：紫禁城出版社，1987．
[31] 董鉴泓．中国城市建设史．北京：中国建筑工业出版社，1989．
[32] 沈玉麟．外国城市建设史．北京：中国建筑工业出版社，1989．
[33] ［英］P. 钮金斯著．世界建筑艺术史．顾孟潮、张百平译．合肥：安徽科学技术出版社，1990．
[34] 徐民苏等编．苏州民居．北京：中国建筑工业出版社，1991．
[35] 陈绳正，刘昌明．建筑与雕塑．沈阳：辽宁科学技术出版社，1992．
[36] ［英］罗杰·斯克鲁登著．建筑美学．刘先觉译．北京：中国建筑工业出版社，1992．
[37] 沈福煦．美学．上海：同济大学出版社，1992．
[38] 《中国建筑史》编写组．中国建筑史．北京：中国建筑工业出版社，1993．
[39] 段玉明．中国寺庙文化史．上海：上海人民出版社，1994．
[40] 杨永生主编．中外名建筑鉴赏．上海：同济大学出版社，1997．
[41] 王明贤，戴志中主编．中国建筑美学文存．天津：天津科学技术出版社，1997．
[42] 沈福煦．现代西方文化概论．上海：同济大学出版社，1997．
[43] 侯幼彬著．中国建筑美学．哈尔滨：黑龙江科学技术出版社，1997．
[44] 周维权．中国古典园林史．北京：清华大学出版社，1999．
[45] ［英］贝克特著．绘画的故事．李尧译．北京：生活．读书．新知三联书店，1999．
[46] 沈福煦．建筑设计手法．上海．同济大学出版社，1999．
[47] 沈福煦．建筑方案设计．上海：同济大学出版社，1999．
[48] 颜宏亮编著．建筑构造设计．上海：同济大学出版社，1999．
[49] 中国建筑学会建筑史学分会．建筑历史与理论（6、7辑）．北京：中国科学技术出版社，2000．
[50] 徐岩，蒋红蕾，杨克伟，王少飞．建筑群体设计．上海：同济大学出版社，2000．
[51] 刘芳，苗阳编著．建筑空间设计．上海：同济大学出版社，2001．
[52] 沈福煦、沈鸿明．中国建筑装饰艺术文化源流．武汉：湖北教育出版社，2001．
[53] ［英］派屈克·纳特金斯著．建筑的故事．杨慧君译．上海：上海科学技术出版社，2001．
[54] 沈福煦．中国古代建筑文化史．上海：上海古籍出版社，2001．
[55] 高春明主编．上海艺术史（上、下）．上海：上海人民出版社，2002．
[56] 张驭寰．中国城池史．天津：百花文艺出版社，2003．
[57] 沈福煦．建筑历史．上海：同济大学出版社，2005．
[58] ［宋］李诫．营造法式．北京：中国书店出版社，2006．